口絵2　翅の表裏で紋様が違う　コノハチョウ
写真提供：神奈川県立生命の星・地球博物館

口絵1　葉脈までそっくり擬態する　コノハムシの仲間　写真提供：神奈川県立生命の星・地球博物館

口絵3　葉っぱになりきる　オオコノハムシ
写真提供：神奈川県立生命の星・地球博物館

口絵4　丸まった枯葉を真似る　カレハカマキリ
写真提供：神奈川県立生命の星・地球博物館

口絵5　カールした枯葉のような　ムラサキシャチホコ
写真提供：刈田悟史

口絵6　枝にしか見えない　トビモンオオエダシャクの幼虫

口絵7　小さな木片のような　キバラモクメキリガ
写真提供：野村周平

口絵8　獲物を待ち構える　ハナカマキリ
写真提供：真野弘明

口絵11 背景に完璧に隠れるアミメカゲロウ　写真提供：野村周平

口絵10 シャクガの幼虫の仲間　写真提供：野村周平

口絵9 苔に擬態するナナフシの仲間　写真提供：野村周平

口絵13 ハチに擬態するガの仲間　スカシバガ
写真提供：神奈川県立生命の星・地球博物館

口絵12 ハチに擬態するウシアブの仲間
写真提供：神奈川県立生命の星・地球博物館

口絵14 テントウムシに擬態する テントウゴキブリ
写真提供：神奈川県立生命の星・地球博物館

口絵16 ナミアゲハの終齢幼虫の不思議な紋様

口絵15 チョウを食べるメダマカマキリの幼生　写真提供：野村周平

口絵17 落ち葉に擬態する魚 リーフフィッシュ

口絵18 鮮やかな青色の翅をもつモルフォチョウ
写真提供：神奈川県立生命の星・地球博物館

口絵19 ナミアゲハ（*Papilio xuthus*）

口絵20 キアゲハ（*Papilio machaon*）

口絵21 鳥の糞に擬態する ナミアゲハの若齢幼虫
Futahashi&Fujiwara, 2008を改変

口絵22 葉っぱに変身するナミアゲハの終齢幼虫
Futahashi&Fujiwara, 2008を改変

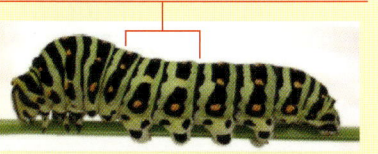

口絵23 ナミアゲハとキアゲハの緑色や黒の領域のパターン

口絵26 ジャコウアゲハの幼虫

口絵24 アゲハチョウの蛹の色の違い

口絵27 無毒な蝶 シロオビアゲハ
写真提供：入野祐史

口絵25 有毒の蝶 ジャコウアゲハ（八重山亜種）
写真提供：渡辺恭平

口絵28 シロオビアゲハのベイツ型擬態
写真左：ベニモンアゲハ
写真中：シロオビアゲハ♀
写真右：シロオビアゲハ♀♂
Nishikawaら，2015

口絵29 緑と赤色のエンドウヒゲナガアブラムシ
写真提供：土田 努

だましのテクニックの進化

昆虫の擬態の不思議

藤原晴彦 著

Ohmsha

本書を発行するにあたって，内容に誤りのないようできる限りの注意を払いましたが，本書の内容を適用した結果生じたこと，また，適用できなかった結果について，著者，出版社とも一切の責任を負いませんのでご了承ください．

本書は，「著作権法」によって，著作権等の権利が保護されている著作物です．本書の複製権・翻訳権・上映権・譲渡権・公衆送信権（送信可能化権を含む）は著作権者が保有しています．本書の全部または一部につき，無断で転載，複写複製，電子的装置への入力等をされると，著作権等の権利侵害となる場合があります．また，代行業者等の第三者によるスキャンやデジタル化は，たとえ個人や家庭内での利用であっても著作権法上認められておりませんので，ご注意ください．

本書の無断複写は，著作権法上の制限事項を除き，禁じられています．本書の複写複製を希望される場合は，そのつど事前に下記へ連絡して許諾を得てください．

(社)出版者著作権管理機構
(電話 03-3513-6969, FAX 03-3513-6979, e-mail：info@jcopy.or.jp)

JCOPY ＜(社)出版者著作権管理機構 委託出版物＞

はじめに

「擬態」という現象に興味を抱く人は多い。昆虫の嫌いな人でも、花にそっくりなハナカマキリを見れば、それが危ないカマキリであることを忘れて思わず見入ってしまうのではないだろうか。「そのような形や模様になるはずがない」という擬態の意外性に、私たちは魅了されてしまう。擬態の楽しみ方としては、テレビなどの映像か、写真集を見るのが最もお手軽でインパクトがある。しかし、あまりに手軽であるがために、「あっ、すごい」とその場限りの楽しみに終わってしまう気がしなくもない。より長く、より深く擬態を楽しむには、「なぜ」という問いかけが必要である。なぜ、私たちは擬態に驚くのだろう？ なぜ、虫たちは擬態をするのだろう？

筆者にとって、この本は2冊目の擬態の本である。前著『似せてだます擬態の不思議な世界』（化学同人、2007年）では、なるべくわかりやすく、擬態という現象の面白さを紹介することに努めた結果、内容を盛り込みすぎたきらいがあった。分子の擬態や人間界の詐欺といったとまでを紹介したのは、似せてだますという戦略が普遍的な意味合いをもつということを強調したかったがためで、その意味では筆者の思いは、読者にもある程度わかっていただけだのではないかと自負している。ただ「擬態マニア」の読者には少々物足りないと感じられたかもしれない。

3

そこで、本書は専門的な色彩を少し強めた。また、話題を昆虫の擬態だけに絞り込むことにした。それは、私がまがりなりにも昆虫を専門とする研究者であることと、ほぼすべての擬態が昆虫界では網羅されているからだ。

専門書を含め、擬態の本には生態学や動物行動学の知識が満載されていることが多い。しかし、その意味では本書は異質かもしれない。筆者は、生物現象の背景にある分子や遺伝子のメカニズムを探る分子生物学者であり、生態学や動物行動学などの分野の専門家ではない。ある擬態一つに着目しても、生態学などの視点からはさまざまな解釈があるので、あまり深く掘り下げると一般の読者にはわかりにくいかもしれない。私自身がそう感じるので、多分読者の多くもそうなのではないかと想像する。

そこで、他書に詳しく紹介されているような生態学や動物行動学の側面からの解説は、本書では最小限にとどめた。また、擬態の意味や定義に関しては、筆者なりの解釈や考え方も少なくない。この本は正確な情報を紹介するための専門的な本ではなく、あくまでも読み物として内容を楽しんでいただければと思う。

一方、本書では分子生物学やゲノム解析を用いた最新の擬態研究を紹介した。これは前著にも通じるが、擬態の背景にある遺伝子や分子の働きに着目する本はこれまでにほとんどなかったことから、擬態の新たな魅力を読者の皆さんに感じとってもらえるのではないかと考えている。

4

はじめに

なぜ、ゲノムや遺伝子に着目しなければならないのか？　これは本書でも何度か繰り返し述べているが、擬態は「進化の産物」だからである。進化は生物のゲノムや遺伝子に、徐々に変化が生じて起こる。私たちの目の前にある擬態は、恐らく数十万年、数百万年という年月の間にさまざまな遺伝子が変化した結果を示している。私たちはその結果を見て驚いているわけだが、筆者はなぜそのような擬態が生じたのか、その原因と道筋を知りたいのである。昆虫のだましのテクニックがどのように進化したのか、その歴史を紐解きたいのだ。無論、これは現時点での夢であって、その志はまだ道半ばにあるが、現在進行しつつある研究の醍醐味を本書で是非伝えられればと願っている。

しかし、本書に書かれているような分子生物学の知識や手法などに、馴染みのない読者も多いかもしれない。そこで、専門的な用語や方法についてはなるべく予備的な知識も交えて、平易に読むことができるように努めた。

本書では、擬態研究の歴史に随分とページを割いた。詳しくは本文を読んでいただければよいが、擬態という概念が登場したのは比較的最近で、恐らくダーウィンの時代である。ダーウィンの時代というよりも、ダーウィン自身が、同僚のウォレスやベイツと擬態について議論を重ねた時代といった方がよいのかもしれない。ちなみにウォレスは、ダーウィンとともに進化論を打ち立てた影の主役でもある。また、ベイツは擬態の父ともいうべき博物学者である。3人はともに「昆

虫に魅せられた人」だった。進化論のアイデアを暖め、洗練化させていく過程で、擬態、特に昆虫の擬態はダーウィンやウォレスの頭の中でも大きな位置を占めていたのではないかと想像している。彼らに関連した著作や論文を今回調べてみて、進化論と擬態の接点が想像していたよりもはるかに大きいことに驚いた。

本書のコンセプトの一つは、擬態を進化的視点から探るという点にある。その視点には、擬態現象自体の生物学的な意味における「進化」に加え、進化論の中での擬態という意味も含まれている。書名に「進化」という言葉を入れたのは、そのような思いがあったからだ。

6

目次

第一章 昆虫にとっての擬態

はじめに ……………………………………………………… 3
プロローグ …………………………………………………… 12
昆虫はなぜ擬態するのか …………………………………… 15
なぜ昆虫の擬態に人はだまされるのか …………………… 17
そもそも昆虫とは何か ……………………………………… 20
昆虫は植物になりうるのか ………………………………… 21
擬態の定義 …………………………………………………… 26
警告色はなぜ擬態ではないのか …………………………… 28

第二章 さまざまなものに化ける！ 昆虫の面白い擬態

…………………………………………………………………… 30

隠蔽型擬態 …………………………………………………… 35
葉に擬態する ………………………………………………… 38
枝に化ける …………………………………………………… 38
花、芽、苔に擬態する ……………………………………… 40

風変わりな擬態 ... 43
標準型擬態 ... 45
ベイツ型擬態 ... 45
ミューラー型擬態 ... 48
目玉模様 ... 49
攻撃型擬態（ペッカム型擬態） ... 52
サテュロス型擬態 ... 53

第三章　ダーウィンの時代の擬態研究 ... 55

ダーウィンの進化論と擬態 ... 56
擬態の生みの親…ベイツ ... 58
進化論の立役者…ウォレスの生涯 ... 62
ダーウィンにもわからなかったイモムシの警告色 ... 65
環境に応じて変わる蛹の保護色 ... 67
メスに限定されたベイツ型擬態 ... 68

第四章　昆虫の擬態はなぜ緻密なのか ... 71

脊椎動物の紋様はどうやって生じるのか？ ... 72

目次

第五章 アゲハチョウに見る擬態の不思議 ... 95

チューリングと動物の紋様 ... 74
昆虫の皮膚はどのような構造になっているのか ... 78
昆虫の骨‥クチクラ ... 78
クチクラの役割 ... 80
脱皮と新しいクチクラ ... 82
不思議な現象‥変態 ... 84
脱皮と変態の違い ... 85
昆虫の紋様はなぜ緻密なのか ... 87
鱗粉は紋様に関係しているのか ... 92

【1】変化するアゲハチョウの幼虫の擬態 ... 96
アゲハチョウの特徴 ... 96
蝶の翅はいつ頃からできるのか？ ... 98
鳥の糞に擬態?! ナミアゲハの華麗なる変身 ... 101
食べる草によって変わるアゲハチョウの幼虫の擬態 ... 103
幼虫紋様切り替えの謎に迫る ... 105
遺伝子があやつる紋様形成 ... 107

9

第六章　日本で進む昆虫の擬態研究

油絵を描くように、浮世絵を摺るように
蚕の幼虫の斑紋を調べる ………… 112

【2】アゲハチョウの蛹は足場で背景色を探る？ ………… 117
アゲハチョウの蛹にはなぜ緑色と茶色があるのか？ ………… 120
緑色と茶色の蛹の色はいつ頃つくのか ………… 120
蛹の色の違いで生存率は変わるか？ ………… 123
茶色と緑色の蛹に変わる謎に挑む ………… 127

【3】毒をもつアゲハ ………… 130
毒をもつ生物と擬態者 ………… 135
毒のある蝶 ………… 135

【4】毒をもつアゲハに似せる無毒なアゲハ ………… 137
シロオビアゲハはなぜメスに限って擬態する？ ………… 144
シロオビアゲハの生態学と遺伝学 ………… 145
シロオビアゲハの解析に着手した背景 ………… 147
擬態の原因領域はスーパージーン ………… 151
残された謎 ………… 156

第六章　日本で進む昆虫の擬態研究 ………… 161

167

10

目次

第七章 新たな擬態の世界 185

他の昆虫が真似したくなるテントウムシの紋様 169
オスに擬態するメスのトンボ 172
コノハチョウは突然枯葉模様になったのか 174
イモムシの姿勢が擬態に関与している？ 175
ホルモンがバッタの色を変える 177
ハナカマキリは花に似せて隠れているのか？ おびき寄せているのか？ 179
アブラムシの体色は菌がコントロールしている？ 180
ハチに擬態する蛾：カノコガ 182

不完全な擬態昆虫は生き残れるのか？ 186
蝶が蝶を真似るのは擬態なのか？ 189
なぜ分子生物学で擬態を研究するのか？ 192
カマキリをハナカマキリに！ 遺伝子操作により擬態は再現できるか 194
擬態とスーパージーン仮説 199

おわりに 204
参考文献 205

プロローグ

『ネイチャー (Nature)』は、いわずと知れた科学界の頂点に立つ雑誌で、研究者にとっては憧れだ。自身の研究がネイチャーに載れば、世界中の注目を集めることができるからだ。研究者仲間と雑談をしていると、「ネイチャーには擬態に関係した論文がやけに載りますね」というような話題になることがある。「たしかにそうだな」と思いつつも明確な理由は思い当たらず、「論文の掲載に絶対的な権限をもつ雑誌編集者の好みなのかな?」という気がしていた。ただ今回、進化論の歴史などを調べていく過程で少し気がついたことがあった。もしかしたら、ネイチャー創刊の背景に、その理由が隠されているのではないかと思ったのだ。

ネイチャーが創刊されたのは、ダーウィンが『種の起源』を公表した10年後の1869年のイギリスである。

創刊初期のネイチャーでは、専門家ではない一般読者が意見を述べたり、「Xクラブ」という科学者集団によって書かれる記事が多かった。Xクラブは学問の自由を求め、ダーウィンの自然選択説を支持する9名の進歩的学者からなる集団である。

当時のネイチャーを見てみると、「空はなぜ青いのか?」「月の正確な大きさは?」「深海の生物」

プロローグ

といった、素朴で純粋な科学的興味にもとづいた話題が多い。また、創刊年の1869年だけでも、ダーウィンの進化論に関する話題が何度も取り上げられている。ネイチャーにとって科学的論争の種に事欠かない進化論は、「雑誌の原点」ともいえるトピックスなのかもしれない。

興味深いのは、ネイチャーにおけるウォレスの活躍である。彼は創刊まもない頃から立て続けに投稿し始め、書評などを含めると生涯に200本ほどの記事が掲載されているという。現在のネイチャーにおける論文とはスタイルがかなり違うのでこれはとてつもない数である。一方、ダーウィンはそれほど多くは寄稿していない。ウォレスは進化に関する論争に積極的に加わり、時にはダーウィンもそこに加わったりして、本や論文には見られない臨場感にあふれた議論を誌面で繰り広げていた。

特筆すべきは、「自然選択の問題点」「擬態は有利か?」「擬態と交雑」といった表題で、擬態に関する議論がウォレスと複数の読者の間で何度も繰り広げられたことだ。このことは、擬態という不思議な現象と進化論の接点に、多くの人が強い興味をもっていたことを示している。ネイチャーが擬態に関係した論文をよく採用する(?)のは、150年も前から続くこのトピックスの結末を知りたいというネイチャーの潜在的心理のなせる業ではないのか、というのは筆者の思い込みだろうか?

13

第一章 昆虫にとっての擬態

擬態という言葉を耳にして何を思い浮かべるだろう。枯葉に似せる虫？　変な色や格好をした虫？　海藻に似せた奇妙なタコ？

擬態という言葉がない原始の時代から、人類は数限りない不思議な虫や動物を見てきたはずだ。不思議な生き物たちを擬視していただろう。生きるために、あらゆる生物に濃密に関わっていた古の人々には、現代人がもはやもちえない極めて繊細で注意深い感覚が備わっていたに違いない。

これは、人類だけのことではない。すべての生物にとって、餌にできる生物や危険な生物を見極める力は生死に直結する。動物の一種にすぎなかった人間にも、そのような能力が備わっていたはずで、もしかしたら、私たちが擬態を不思議に思う感覚とは異なるものをだます、生存戦略の1つである。擬態とは、ある生物が何かに似せてそれを見つけるものに似せる。しかし、昆虫の擬態が最も目立ち（言い方が難しいが最も目立たないといってもよい）、緻密さにおいても見事である。

例えば、葉に紛れたコノハムシを見ると、色や形に加えて葉脈までそっくりで、木立の中にいる個体はそう簡単には見つからない（口絵1）。私たちがコノハムシに驚くのは、植物と動物は完全に異なる体制をもっているはずだという固定観念が裏切られるからで、その驚きは感動さえもたらす。

第一章　昆虫にとっての擬態

このような固定観念は、人に特有の高度な学習で形作られたものだと思われるので、鳥や小動物は擬態に驚いているわけではないだろう。ただ、見つけにくいと感じるか、仮に驚くとしたら、今まで気づかなかった所に突如コノハムシが現れたことに驚くのかもしれない。

■昆虫はなぜ擬態するのか

すべての生物が擬態をしているわけではない。むしろ、擬態しているものは少数だろう。肉食動物には擬態をしているものは少なく、捕食される動物の方に擬態しているものが多い、という印象はあるが、正確なところはわからない。ただ、他の生物に比べると、昆虫にはさまざまなタイプの擬態が見られ、擬態が多用されている。昆虫で擬態が多用されるのはなぜなのだろう？

筆者は「昆虫のサイズ」に主な理由があると推測している。地球上にはさまざまな大きさの動物がいる。現在最大の動物は、体長30メートルほどのシロナガスクジラ。一方、最小の動物（微生物や動物の幼生にはもっと小さいものがいるが）はアメーバやゾウリムシといった原生動物で、単細胞でできているので1ミリの何十分の一程度の大きさしかない。原生動物ほどではないが、我々がよく見かける動物の中では、昆虫は小さい部類に入るように感じる。また、ゾウからネズミまで大小さまざまな大きさの動物がいる哺乳類と比べると、昆虫はそれほど大きさに違いがあるようには思えない。

17

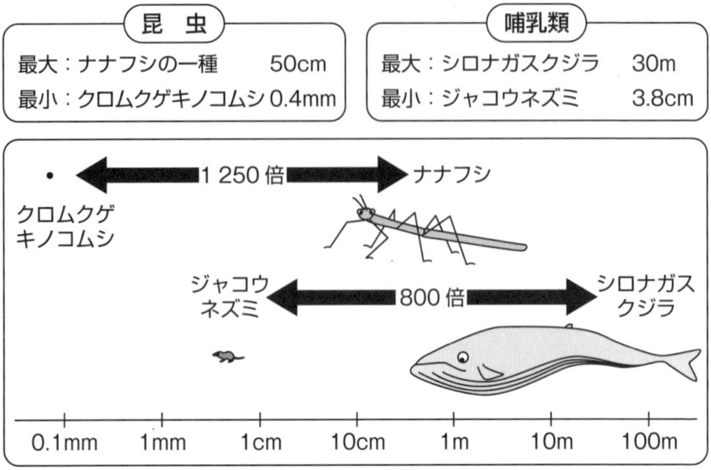

昆虫	
最大：ナナフシの一種	50cm
最小：クロムクゲキノコムシ	0.4mm

哺乳類	
最大：シロナガスクジラ	30m
最小：ジャコウネズミ	3.8cm

図1　昆虫は多様なサイズの生物群

しかし、この考えは間違いである。地球上にかつて存在していた最大の昆虫は、メガネウラというトンボの仲間で、翅を開いた時の大きさが70センチはあったという。現存するナナフシの一種も50センチぐらいの大きさはある。最小の昆虫としては0.4ミリほどの微小昆虫クロムクゲキノコムシ（成虫）が知られている。最大の原生動物である巨大アメーバは5ミリほどの大きさがあるので、この昆虫は最大の単細胞生物よりも小さいことになる。したがって、現存する最小と最大の昆虫の大きさの違いは1250倍ほどもあるのだ。

一方、最小の哺乳類はジャコウネズミで3.8センチとされるが、30メートルのシロナガスクジラとの違いは800倍ほどである。つまり、哺乳類と比べても昆虫はさまざまな大きさの種を含む生物群なのである（図1）。動物学の講義などで、「最大の昆虫種

第一章　昆虫にとっての擬態

は最小の哺乳類より大きく、最大の種は最大の原生動物よりも小さい」というたとえが使われるが、まさしくこのことを言い表している。

大きさはさまざまであるが、身近にいて手ごろなサイズの昆虫は多くの動物にとって格好の食べ物である。大きな昆虫は猿や鳥などの、小さな昆虫は小型の鳥、爬虫類、両生類の餌食となる。現代人の多くは昆虫を食べることに抵抗があるが、我々もかつては昆虫を好んで食べていた。今でも甲虫類の蛹は熱帯や亜熱帯の森で食べられているし、戦前までは日本人も養蚕で煮殺した蛹を貴重な蛋白源として食してきた。2013年に国連の食糧農業機関（FAO）が、昆虫を食料とすることにもっと注目すべきであるという報告書をまとめたことは記憶に新しい。来るべき人口爆発と食糧危機が気がかりな現在、昆虫食はいまや世界的なトレンドになりつつある。昆虫は海洋を除くあらゆる環境に適応して圧倒的な種数（数百万種いるとされるが、その実体はいまだにわからない）と圧倒的な個体数を誇る。地球上でも最も繁栄している生物とも言われるゆえんだ。

このように、どこにでも大量にいる昆虫が動物の餌になるのは当然だが、昆虫側からすると、何とか食べられないように進化せざるをえなかったのだろう。昆虫に見られる擬態の多くは、捕食を逃れるためのものである。他の生物に比べると絶え間なく捕食圧（捕食される進化的圧力）にさらされてきた昆虫にとっ

19

て、擬態は捕食から逃れる有力な防御手段となったのだろう。

■なぜ昆虫の擬態に人はだまされるのか

捕食される小さな生物は枚挙にいとまがないが、「昆虫のような捕食を逃れるための擬態は見られないではないか?」という疑問もある。例えば、原生動物や微生物も小型のプランクトンなどの餌食になっているはずだ。筆者は、これらもある種の擬態をしているはずだが、私たちが気づかないだけなのではないかと思っている。顕微鏡や分析機器を用いて初めてわかる擬態は、科学的には重要かもしれないが、人間が見た瞬間に驚く対象とはならないだろう。つまり、じつは他の生物でも擬態はたくさん使われているのだが、身近にいて馴染み深い昆虫の擬態は、私たち人間が最も感情を移入しやすい対象なのではないかと思う。

昆虫の擬態は、見た瞬間に驚くものが多い。なぜ人間は、昆虫の擬態にだまされるのだろうか。哺乳類、鳥類、爬虫類、両生類(これに魚類を加えると脊椎動物といわれる)は、視覚、聴覚、嗅覚、味覚、触覚の五感を最大限活用し、かつ高度な学習能力を駆使して昆虫を捕らえようとしてきた。特に、瞬間的に相手を認識できる視覚は捕食者の最大の武器なので、捕食者の視覚を撹乱させるように昆虫の擬態は進化した。食うか食われるかは、1秒の何分の1かで決まる。ほとんど瞬間芸のような世界である。相手が惑(まど)っているうちに逃げなければならない、もしくは見破

20

第一章　昆虫にとっての擬態

られたらおしまいかもしれない。昆虫に対する人間の視覚や感性は、昆虫捕食者の鳥や小動物と似たような（少なくとも原生動物を捕食するプランクトンとは全く違う）もので、昆虫が逃げようとしてきた相手の1人なのだから、人間が瞬間的にだまされるのは当然ともいえる。

■そもそも昆虫とは何か

昆虫のサイズには意味がある。昆虫の多くは森や林に生息しているため、敵から逃れるのに最も有効な手段は、「植物になりきる」ことである。葉、枝、芽、花など、昆虫は「植物にちょうどなりやすい」大きさである。だが、大きさが似ているからといって植物の形や色を真似ることができるのだろうか？　これは重要だが、難しい問題である。本書は昆虫について焦点を当てた本なので、そもそも昆虫とは何か？　について考えておく必要がある。

昆虫といえば、翅（はね）がある、体の外側が硬い、節のような構造がある、陸上にいる、といった特徴が思いつく。また、脱皮をする、変態（へんたい）をする、といったことも特徴の1つである。ダンゴムシ（エビやカニ、クモやサソリは、昆虫とは親戚で、専門用語では節足動物と呼ぶ。ダンゴムシ（エビやカニの仲間）やダニ（クモやサソリの仲間）も昆虫ではないが、これらを昆虫と思っている人は少なくない。昆虫は専門用語では六脚類（ろっきゃくるい）と呼ばれ、文字通り6本の脚をもつ生物と考えればわかりやすい。クモは8本の脚をもつので昆虫ではないのだ。

21

では、翅をもつのが昆虫かというと、原始的な昆虫には翅がなかった。シミ（漢字では「紙魚」と書くが、本などを食べるので見かけたこともあるだろう）は、昆虫が翅をもつようになる前から生きてきた極めて原始的な昆虫だ。トンボも原始的な昆虫だが、翅をもつようになった後に現れた虫である。翅によって昆虫は空という広大な生息域を獲得し、このことが昆虫の繁栄に役立ったことは間違いない。何しろ、自立的に飛翔できるのは、昆虫と鳥とコウモリだけなのだから。

翅は昆虫の種類を特徴づけるのにも使われていて、ハエやカのように翅が2枚しかないグループは双翅目、翅が膜のようなハチの仲間は膜翅目、カブトムシやクワガタのように翅が硬い仲間は鞘翅目といった具合に分類される。このような分類の仕方は、古代ギリシャのアリストテレスの時代には既にあったという。大半の昆虫はたしかに翅をもつようになったが、二次的に翅をなくしたものも少なくない。アリ、シラミ、アブラムシ（アリマキ）などはライフサイクルの中で翅が邪魔になり、基本的には翅がない。したがって、昆虫は必ず翅をもつかというとそうではない（図2）。

また、エビやカニもそうだが、昆虫は硬い皮膚（クチクラ）に覆われている。詳細な話は後の章で述べるが、この構造が体表に緻密な紋様を描くのに役立っている。硬い殻を脱ぎ換える脱皮や変態も、体表の紋様を描きなおしたりすることを可能にしている。

そして、ここでも「昆虫のサイズ」という問題が重要な意味をもつ。一般に、表面積は長さの

第一章　昆虫にとっての擬態

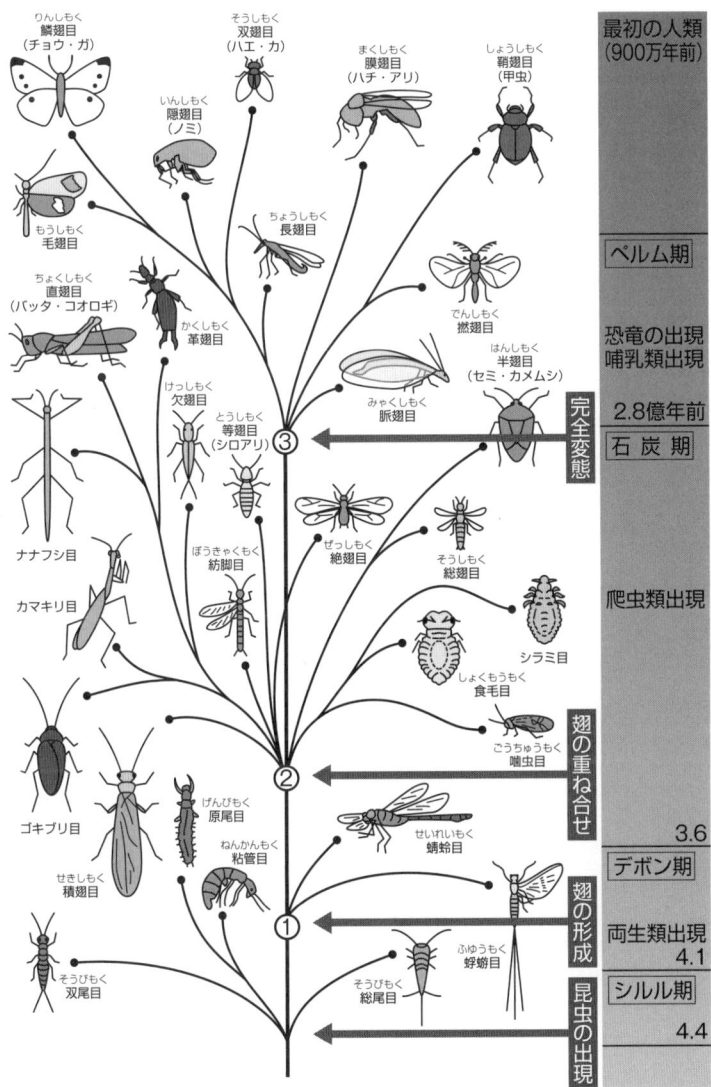

松香光夫ら 著,『昆虫の生物学　第二版』, 玉川大学出版部, 1992, P25 図1-11 を改変

図2　昆虫の分類法と年表の一例

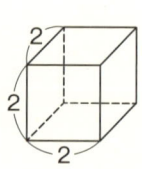
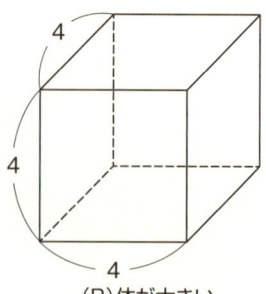

(A)体が小さい　　(B)体が大きい

	(A)	(B)
表面積	$2^2×6=24$	$4^2×6=96$
体積	$2^3=8$	$4^3=64$
表面積:体積	3:1	3:2

> 体の表面積と体積の比は、体が小さいほど大きくなる

図3　体の表面積と体積の比

2乗に比例し、体積は3乗に比例する(図3)。つまり、体の表面積と体積の比は、体が小さいほど大きくなる。体が小さい昆虫は、より熱を放散しやすく、体の水分も失いやすくなるのである。

海から陸上に上がった生き物にとって最大の困難は、乾燥から体をいかに守るかで、特にサイズが小さい昆虫にとっては、最も困難な課題の1つだった。しかし、全身を覆い尽くすクチクラによって、昆虫は体の水分を保持することができ、乾燥地帯にまで進出できるようになった。

翅によって自由に移動し、乾燥にも耐えられるようになった昆虫は、海洋を除くありとあらゆる場所(南極なども含む)に勢力を拡大していった。人類の歴史はわずかに数百万年程度だが、昆虫は数億年前から絶えることなく進化してきた。昆虫を50歳の大人だとすると、人類はまだ生まれて数か月程度の赤ん坊にすぎ

24

第一章　昆虫にとっての擬態

ないのだ。

地球上にいる生物種の半数以上は昆虫であるという説がある。種の数が多いとはどのような意味をもつのだろうか？　個々の種は、異なる遺伝情報（遺伝情報の全体をゲノムと呼ぶ）をもつ。昆虫にはたくさんの近縁な種がいて、それぞれの種で少しずつゲノム情報が変わっている。人間とチンパンジーのゲノムは98・5〜99・0％同じだとされるが、昆虫ではそれよりも近縁な種がほとんど連続的といってよいほどに生息しているのだ。このことは、環境が変化した時に、それまでいた種が適応できずに滅んだとしても、それに代わるような種がまた繁栄するといったサイクルを可能とする。地球上には人類がまだ名前をつけていない昆虫が無数にいて、そのいくつかは毎日人知れず絶滅しているという。ただ、これは人類が環境を悪化させたためというより、古代より続く自然の摂理の一部と考えた方がよい。

昆虫は高い環境適応能力をもつ。ただし、個々の昆虫がそのような能力をもっているというよりは、近縁種を含めたグループに多様な遺伝子がプールされており、その中から新たな環境に適した昆虫種が選抜されてくる、という意味だ。例えば、ある有能な会社員が新たなプロジェクトに対応しきれずにいる場合、その人が努力して何とか解決しようとするのではなく、会社の中にいる、より適切な人材を抜擢して対処するというイメージに近いかもしれない。

25

■昆虫は植物になりうるのか

昆虫と植物は進化上の系統関係からすると、随分と離れた生き物である。さまざまな昆虫や植物の発生や構造は調べられているが、「両者が近い生き物」という印象をもっている研究者はほとんどいないだろう。ただし、植物に比べれば、昆虫と人間の方がより近いと思っている研究者はいる。

ショウジョウバエは、古くから遺伝学の材料としてよく使われてきた。さまざまな昆虫や植物の発生や構造を比較すると、共通した遺伝子が同じように働いている例が多い。そこで、ショウジョウバエを使って人間の病気に関わる遺伝子の働きを調べるような研究が実際に行われている。ショウジョウバエと人間は、系統樹（生き物の系統関係を樹の枝のように表した図）の上ではかなり離れた位置にある。昆虫などの節足動物は前口動物（発生の過程で現れる原口という器官がそのまま口になる動物）に分類され、その中でも端の枝に位置する。前口動物には節足動物以外に、プラナリア、ミミズ、イカ、タコといった生き物が含まれる。

一方、人間、鳥、魚といった動物（脊椎動物という）は後口動物（原口が肛門になる動物）に分類される。後口動物には、人間や鳥、魚類以外に、ウニ、ナマコ、ホヤといった生物が含まれる（図4）。6億年近く前に分かれた前口動物と後口動物の中でも、昆虫と人間は対極にある生き物だが、動物というくくりの中では共通する部分もある。

第一章　昆虫にとっての擬態

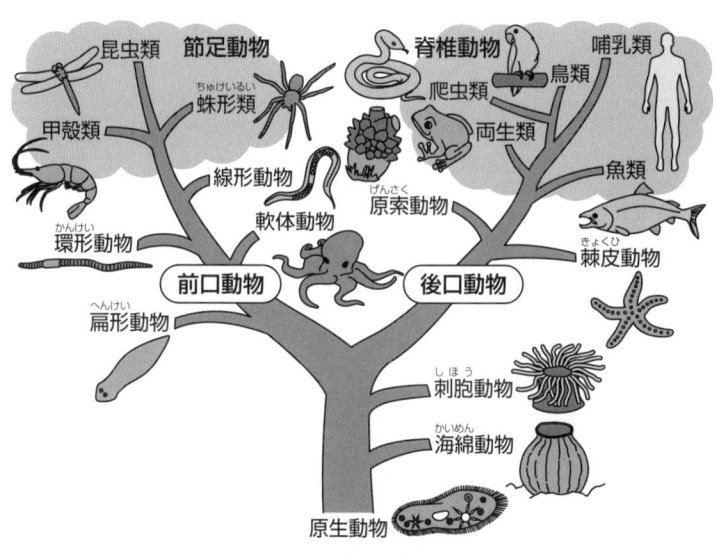

図4　動物の系統樹

しかし、植物は動物とは全く異なる枝に属する生き物である。現在は、生物を5つの大きな分類群に分ける説（5界説）が広く受け入れられており、原核生物、原生生物、菌、植物、動物に分類される。動物と植物には体のつくりは共通する遺伝子もあるが、基本的には体のつくりは全く異なっており、昆虫が植物になることも、逆に植物が昆虫になることはないのだ。講演会などで「葉や枝に擬態した昆虫には、植物の遺伝子が入ってきたのですか？」と質問されることもあるが、少々の遺伝子を導入しても、昆虫が植物のようになるわけではない。あくまでも昆虫の遺伝子（おそらくたくさんの）が、少なくとも数百万年といった気の遠くなる年月の間に変化して、昆虫の体つくりの制約の中で植物に似るようになったと考えられる。

ただ、その「変化」の詳細についてはまだよくわかっていない。節のような繰り返した構造をもち、体表に硬い殻をもち、脱皮や変態によって姿形を変化させる昆虫は、他の動物に比べると容易に植物に似せることができたのかもしれない。

■擬態の定義

古の人々は擬態という現象には気づいていたかもしれないが、昆虫が何のために擬態しているのかについて十分には意識していなかった。また、植物に似せるような「擬態」は知られていたが、その他にもさまざまなタイプの「擬態」があるということは、比較的最近わかったことである。比較的最近というのは、第三章で述べるように、イギリスのヘンリー・ウォルター・ベイツ（1825年〜1892年）やアルフレッド・ラッセル・ウォレス（1823年〜1913年）といった、チャールズ・ダーウィン（1809年〜1882年）の時代の博物学者たちが面白い現象を発見した時期を指す。

ベイツがアマゾン河で採集した蝶を整理していると、毒のある蝶と毒のない蝶が非常に似通った派手な紋様をしていることに気づいたのである。毒々しい生き物が毒をもつ、もしくは危険であることは当時の人々もわかっていたはずである。黄色に黒い縞模様のハチには近寄ったら刺されるし、コバルト色の派手なヤドクガエルには猛烈な毒が含まれていて、それを矢に塗れば獲物

第一章　昆虫にとっての擬態

や敵をしとめられることを、アマゾンの原住民は知っていたのだから。

ただし、このような派手な色合いや紋様は「自分は危険だから近づかないように」という警告のためのものであって、「擬態」とは呼ばない。ベイツは「捕食されやすい生物が危険な生き物に似せることによって捕食されないようにしている」と解釈される現象を「擬態」(mimicry)と呼んだのである。つまり、昆虫が植物に似るような現象(隠蔽：camouflage、もしくは模倣：mimesis)は、擬態とは呼ばなかったのである。

このような事情もあって、最初に使われた「擬態」という言葉を厳密に使うべきだと啓蒙する学者も少なくなかった。「昆虫が植物を模倣するような現象は、ベイツが見つけた擬態とは異なるものだ。最近の学者は擬態と模倣を混同して使って困る」といった具合である。

ただ、擬態という言葉のもつ曖昧さもあって、当初の定義だけでは「誤用」は収まらず、擬態とは狭義にはベイツのいうような擬態を、広義には植物に模倣するような場合も含むというようになっていった。昆虫が植物を模倣する広義の擬態においても、捕食者から逃れるために隠蔽するような場合もある一方で、ハナカマキリのように相手をおびき寄せて捕食するような場合もある。そこで、昆虫では少数派の後者は「攻撃型擬態（ペッカム型擬態）」とも呼ばれる。また、ベイツの擬態のように、派手

29

な毒蝶に似せて捕食者にわざと紋様などを見せびらかすのは、「標識型擬態」と呼んで区別している。

さらに、研究者たちは新しいタイプの擬態に対して、新たな名称をつけて分類したがる傾向がある（これは学問全般について言えることかもしれないが）。この性癖によって、ベイツ型擬態、ミューラー型擬態、メルテンス型擬態、サテュロス型擬態などと、次々と擬態が細分化され、擬態の意味も拡張されるようになったが、それぞれの擬態の線引きが難しいケースや、拡大解釈しすぎの「擬態」もある。擬態の多くは人為的に解釈したもので、自然現象を正しく見ていないのではないか、人間の憶測だけで定義されているのではないか、という批判は擬態を研究するものからすると耳の痛い話である。

いずれにしろ、擬態の意味づけや定義に細かくこだわるのは筆者の好みではない。

■警告色はなぜ擬態ではないのか

さて、ここで「警告色はなぜ擬態ではないのか」と疑問に思われた読者もいるかもしれない。ある現象をどの擬態に分類するか迷う場合がままあるが、いずれの場合も必ず登場人物が「3人」いることに気づかれただろうか？　つまり、擬態されるもの（モデルともいう）、擬態するもの（擬態者、ミミックともいう）、だまされるもの（捕食者や被食者）の3者である。鳥の糞の擬態では、

第一章　昆虫にとっての擬態

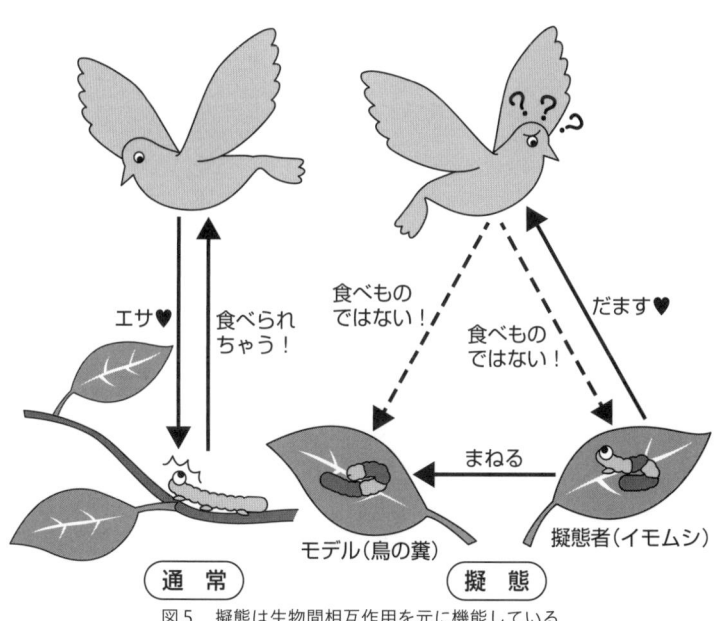

図5　擬態は生物間相互作用を元に機能している

モデルが鳥の糞、擬態者がアゲハの若齢幼虫、だまされるのは鳥や小動物の捕食者である。

擬態をあれこれ定義するのはあまり好きではないが、「擬態とは、擬態者が何かに似せて第三者をだます現象」という点だけははっきりしている。前著『似せてだます擬態の不思議な世界』（化学同人）でも書いたが、擬態とは極めて広範に見られる情報戦略と思われる。

3者の間には本来何らかの関係性があった。例えば、鳥は鳥の糞という視覚情報を受信してもそれを捕食しないという行動をとる。しかし、鳥はアゲハの幼虫という情報を得れば、毒がない限りは捕食するだろう。そこで、アゲハの幼虫は鳥の糞という

情報をまねることにより捕食を免れるようになったわけである。一方、情報受信者である捕食者の鳥は、「鳥の糞は食べられない」という本来の情報を信じる限りは、アゲハの幼虫をうまくは捕れない（図5）。

この3者で最も進化したのは誰だろう？　モデルは何もしていない。だまされる鳥も、偽の情報を十分に見抜くことができずにいる。アゲハの祖先の幼虫も大した紋様ではなかったかもしれない。しかし、気の遠くなるような年月の間に、白黒のパターンの幼虫が偶然出現したのだろう。当初、この紋様は鳥の糞とは似てもにつかないものだったかもしれない。しかし、この幼虫がほんのわずか（仮に0・01%という程度としても）でも大半の幼虫よりも食べられにくかったとしたら、白黒のパターンの幼虫は徐々に増えていくだろう。

さらに、より鳥の糞に似た擬態をするものが徐々にあらわれる。このような変化は極めてゆっくりと、ゲノム中のわずかな遺伝情報（つまりDNAの塩基配列）の変更として書き込まれる。そして現在のアゲハには、ゲノム中に鳥の糞に似せるプログラムが明瞭に記載されるようになったのだろう。筆者らはそのプログラムを明らかにしたいと熱望している。　擬態とは進化の産物なのである。

既におわかりかもしれないが、上記の定義からすると、警告色はやはり擬態ではないのである。派手な色彩や紋様を示すだけの警告色には、似せるべきモデルがないからだ。進化論の提唱者ダー

32

第一章　昆虫にとっての擬態

ウィンも、イモムシの警告色を理解できなかったという。
その議論については、第三章で紹介したい。

第二章

さまざまなものに化ける！昆虫の面白い擬態

進化論を世に出したダーウィンとウォレスは、いずれも「虫屋」だった。また、擬態の生みの親ともいうべきベイツも「虫屋」だった。虫屋とは、幼少の頃から昆虫に魅入られ、その後の人生の中心に、常に昆虫が存在するような人たちのことである。

虫屋の友人は「人には2種類しかない。虫屋か虫屋でないかだ」という。彼は「大人になってから虫に夢中になった人は虫屋にはなれない」ともいう。虫屋になるには、幼少（できれば小学校に入る前）から虫の洗礼を受け、虫の存在が頭の中に無条件に刷り込まれている必要があるらしい。

筆者は絶対に虫屋ではない。何しろ、幼少の頃はおろか青年期に至るまでそれほど昆虫に魅入られた記憶はないからだ。小学生の頃に、友人からカイコの幼虫をもらって育てようとしたが、母親からカイコを捨ててくるように言われ、泣く泣く捨てにいったというぐらいの記憶しかない。そんな自分がこのような昆虫の本を書いているのは、多分に職業意識に基づいているからだが、虫屋として認められないとしても、虫好きの人間になったことは間違いない。ダーウィン、ウォレス、ベイツが幼少の頃から虫に魅入られていたのかどうかはわからないが、少なくとも青年期には、かなり虫に没頭していたのは間違いない。

なぜこのような話を長々としているのかというと、ダーウィンらの虫好きが進化論の構築にどのように影響したかを読者にも想像してもらいたいからである。ダーウィンやウォレスが進化論

第二章　さまざまなものに化ける！　昆虫の面白い擬態

	概要	モデル	擬態種	情報受信者
隠蔽型擬態	自らを目立たなくさせる	植物など	捕食されやすい昆虫	鳥などの捕食者
標識型擬態	自らを目立たせる			
ベイツ型擬態		有毒・危険な昆虫	無毒で弱い昆虫	鳥などの捕食者
ミューラー型擬態		有毒・危険な昆虫	有毒・危険な昆虫	鳥などの捕食者
目玉模様など		特徴的な模様・形	捕食されやすい昆虫	鳥などの捕食者
攻撃型擬態（ペッカム型擬態）	隠蔽しながらおびき寄せる	植物など	肉食昆虫	捕食される昆虫等
サテュロス型擬態	不明確なモデルに似せる	蛇やげっ歯類など	捕食されやすい昆虫	鳥などの捕食者
警告色（擬態ではない）	派手な色や形をする	ない	有毒・危険な昆虫	捕食者全般

※上記は明確な分類や定義ではなく、いくつかの分類にまたがったものも含まれる。
　また、隠蔽型擬態には攻撃型擬態を兼ねる場合もある。その場合、情報受信者は捕食される昆虫などになる。

表1　昆虫のさまざまな擬態

を構築する上で、自分がよく知っている昆虫の生態を思い浮かべていたのは間違いないと思えるからだ。進化論の時代には、博物学者たちは動植物の形や色・紋様に異様なほどの執着と興味を抱いていたようだ。珍妙な姿形の動植物の収集がお金になった時代でもあった。

ダーウィンやウォレスが進化論の境地に到達したのは、ビーグル号や南米・マレー諸島の探検のお陰もあるが、昆虫に対する深い興味や理解が背景にあったと筆者は考える。

本章では表1に示すような、昆虫の興味深い擬態、面白い擬態を類型化して紹介する。

■隠蔽型擬態

昆虫が一番隠れやすいのは、自分たちが生活している所に存在する植物である。無論、植物の葉や枝の間に隠れるだけでも捕食者からは見つかりにくくなるが、植物そのものに似せてしまえばより効果的である。このような擬態は隠蔽型擬態、もしくはカムフラージュと呼ばれる。多くの読者が驚くのもこのタイプの擬態である。

葉に擬態する

図鑑や映像などで最もよく見るのが、葉に擬態した昆虫である。葉に擬態した昆虫は、中型から大型の昆虫に多く（アリやノミといった小型の昆虫では葉に似せようがない）、植物の葉のサイズと大体似通った大きさである点が重要だ。

また、葉に似せる時のポイントは、葉脈と平べったさだろう。大抵の植物の葉は、中心に1本の太い主脈が通り、そこから枝分かれするような細い葉脈が全体に広がっている。葉に似た昆虫では、葉脈を本物そっくりの形状で体表に作り出すか、もしくは色の濃淡であたかも葉脈があるように見せかけている。

葉に似せる戦略は、完全変態昆虫（幼虫、蛹、成虫へと変化する昆虫）、不完全変態昆虫（明確な変態が見られない昆虫）を問わず、極めて広範囲の昆虫に見られ、成虫だけでなく、蛹や幼

第二章　さまざまなものに化ける！　昆虫の面白い擬態

虫でも葉に似たものがいる。例えば、アオスジアゲハやコムラサキの蛹には、ちゃんと葉脈の主脈の筋が見えて、枝から1枚の葉がぶら下がっているように見える。見せ方にもいろいろある。一番多いのは個体全体が1枚の葉に見えるようなタイプである。また、体の横から見ると葉に見えるものや、背中から見ると全体が葉に見えるものなどがある。前者の場合は、体の横幅がかなり狭くならなくては葉に見えず、後者の場合は、ヒラメのように薄くならなければならないので、両者で昆虫の形自体が随分と違う。

また、個体全体が必ずしも1枚の葉になるとは限らない。例えば、コノハチョウでは、4枚ある翅のうち、左側の一対（2枚）と右側の一対（2枚）の翅がそれぞれ1枚の葉のように見える（口絵2）。別々の翅にもかかわらず、1本の主脈がほとんどずれずに見られるのが面白い。

コノハムシやオオコノハムシのように大小何枚かの葉をまとっているカマキリもいる（口絵3）。脚の一部までを葉にしてしまうのは驚異の業というしかない。オオコノハムシは個体ごとに葉の紋様や形が異なるのと、オスとメスで緑色などが多少違っており、オスはあまり葉に似ていないようでもある。

これらの昆虫の凄い所は、生葉に似せるか枯葉に似せるかも自由自在であることだ。実際にコノハムシには、全身緑の「若々しい葉」の個体もいれば、全身が茶色っぽい「枯れたような葉」のような個体もいる。オオコノハムシはさらに手が込んでいて、緑色の中に茶色い斑点が多数見

39

られるような「病気がちの葉」「枯れる寸前の葉」というように、個体ごとに着色の仕方が異なっている。

さらに、ムシクイコノハギスのように、葉の一部が食われたような手の込んだカムフラージュをする昆虫も少なくない。虫に食われていた方が、よりリアルな葉に見えるのだろうか？

枯葉に擬態することは、生葉に擬態するよりフレキシブルだ。生葉はしっかりとした葉の形に擬態しなければならないが、枯葉はボロボロになっていても、丸まっていてもよいからだ。例えば、カレハカマキリは、腹部が丸まった枯葉を模しているらしい（口絵4）。また、ムラサキシャチホコという蛾の成虫は、一見するとカールした枯葉のように見えるが、実際には翅などの一部が薄い茶色と濃い茶色で塗り分けられており、さらに微妙な色のグラディエーションによって2次元平面なのに、3次元的に見える不思議な「枯葉」である（口絵5）。色の濃淡だけでこれほどの立体感を出すのは並大抵のことではない。

枝に化ける

葉の次に多いのが、枝や幹に「化ける」ことだ。大きな木の樹皮にとまれば、虫が茶色であるだけでかなり見つけにくくなる。しかし、面白いのはやはり枝や幹の形に似せる擬態だ。

私たちがよく知っているのは、ナナフシである。枝に似ていることに驚くというよりは、この

40

第二章　さまざまなものに化ける！　昆虫の面白い擬態

ような形の生物が存在することを不思議に思う。南米には、ナナフシにそっくりなボウバッタという、あらゆるパーツが細長い変な虫がいる。顔まで細長くなっているのが面白い。

また、シャクトリムシの仲間にも枝に似せる名手がいる。シャクトリムシはシャクガという蛾の仲間の幼虫である。カイコなどと違って腹部には脚がほとんどなく、体の一番後ろと一番前にしか脚がない。人が指で尺（長さ）を測り取るように動くのが特徴だ。

そして、中でも一番素晴らしいのが、エダシャクの仲間の擬態だ。トビモンオオエダシャクには茶色と緑色の2種類の幼虫がいるが、いずれも茶や緑の枝に後ろの脚だけでつかまって斜め方向に静止すると、本物の枝と見分けがつかない（口絵6）。一体いつ動くのだろうか？　また、緑色の幼虫が茶色の枝（逆もそうだが）に止まることはないのだろうか？　その場合目立つはずだから多分ないと思うが、どのようにその行動が制御されているのか興味深い。

一方、キバラモクメキリガという成虫の擬態は少し変わっている。枝というよりは、小さな木片のようにしか見えない（口絵7）。まず、頭がどちらかよくわからない。白い脚が少しだけ見えて、これは「偽の頭」戦略として、捕食者から逃れる上でも有利な形質だ。また、文字通り木目のような紋様がちりばめられ、それから判断すると多分左の尖った方が頭だろう。くわからない茶色いマーク（小さな枝が折れたところでも模しているのだろうか）が2つ見える。果たしてどうやって飛ぶのか？　気になる虫でもある。

花、芽、苔に擬態する

花に擬態している昆虫はかなり珍しい。どのような生物でも、自分の体を用いて花びらの形を表現するのはかなり難しいからだ。その意味で、ハナカマキリの擬態には驚かされる。口絵8を見て欲しい。花びらのようなものがまず目に見える。これは、ハナカマキリのピンク色である。さらに、持ち上げた腹部もピンク色で5枚目の花びらのように見える。頭胸部もピンク色で、前脚を持ち上げて獲物を待ち受けているのだ。ハナカマキリは、葉や枝に擬態する昆虫よりは完璧な擬態ではないものの、ランの花のようにも見えるのでランカマキリとも呼ばれている。隠蔽型擬態のほとんどは捕食者から逃れることが目的だが、この場合は餌を得るためのカムフラージュで、擬態の目的でいうと攻撃型擬態（ペッカム型擬態）とも呼ばれる。

ハナカマキリを飼育するとわかるが、小さな幼虫の時は黒と赤のツートンカラーをしており、カメムシかアリのようにも見える。これは、ベイツ型擬態の一種である。一方、口絵のようなきれいな花になるのは成虫になる前の時期で、成虫になると少し黒ずんだ、しおれた花のように見える。カマキリは不完全変態なので「カメムシ」から「花」への変化は意外である。不完全変態の昆虫は、ゴキブリのように小型の幼虫がそのまま大きくなっていくイメージがあるからだ。しかし、カマキリの仲間は変幻自在に姿形を変えられるようで面白い。

芽に似せるのもなかなか難しい。複雑な先端部分の表現が困難だからだ。カギシロスジアオシャ

第二章　さまざまなものに化ける！　昆虫の面白い擬態

クの幼虫は芽に似せる技で抜きん出ている。これは枝への擬態を応用したようなもので、後脚で枝の先端部につかまって、斜めに静止する様子は枝と似ている。違うのは残りの腹脚を広げていることだ。複数の腹脚を広げながら突起を表現し、さらに頭部からも突起が出ていて、それぞれ若葉が出てくる寸前の新芽という雰囲気を醸し出している。

面白い擬態としては、地衣類や蘚苔類といった特定の植物に似せるものがある。ナナフシの多くは枝に擬態するが、口絵9のナナフシは緑っぽいギザギザが体中に生えている。周りには苔が地衣類のような植物が密生しており、見つけるのが難しい。

シャクガの幼虫の仲間も判別するのは難しい（口絵10）。熱帯の湿地帯など苔の多い所では、苔に擬態したさらに奇妙な形のサルオガセというキリギリスがいる。

風変わりな擬態

シャクガの別の仲間はさらに驚くべき擬態をする。日本には生息しない *Nemoria arizonaria* という蛾の幼虫は、食べる餌によって擬態する対象が変化するのだ。

この幼虫は、年に2回（春と夏）卵から孵化する。春の幼虫はカシの花を食べるが、その幼虫はカシの木の花に似て全身に何やらふわふわした塊がくっついているようで、とても昆虫には見えない。自分の食べているものに似せるのは、捕食者に見つかりにくいので効果的である。一方、

43

夏の幼虫はカシの葉を食べるが、カシの木の白っぽい小枝にそっくりである。花は春にしか咲かないので、夏に小枝に似せるのは合理的ではあるが、最初からカシの枝に似せる方がよいのではないか？　カシの花にわざわざ似せるのは面倒な気もするが、進化の結果選択された形質なので、何か適応的に有利なことがあるのだろう。

カシの葉に含まれている何らかの化学物質が、この2種類の擬態を制御しているということだが、そのメカニズムについてはよくわかっていない。異なる環境に応答して体色を切り替える例はいろいろと知られているが、これほど姿形が変化する例は珍しい。

自らの色や形を変えるというのは面倒だといわんばかりの昆虫もいる。葉にとまっているアミメカゲロウだ（口絵11）。緑色の細長い体の部分を葉の主脈に合わせて止まっており、翅が透明であるため後ろの葉が透けて見えている。あたかも自分の体が細長く、翅は透けていることを自覚しているかのようである。我々と違って鏡で自分の姿を確認したわけでもなく、学習によって覚えたわけでもない。カゲロウのゲノムの中に、このようにして葉にとまるようにプログラムとして書き込まれているはずだが、やはり不思議である。透明になるのが最も効果的な隠蔽の方法であるのは間違いない。

背景に隠れるのに、これとはちょっと違うやり方もある。タテハチョウ科の蝶の蛹には、まるで金属のような光沢をした、メタリックな体表をもつものがいる。タマムシやコガネムシに見ら

第二章　さまざまなものに化ける！　昆虫の面白い擬態

れる構造色を使っているのだ。背景が緑色であれば鏡のように反射するので、ある種の隠蔽的効果があるとも考えられる。

オオゴマダラの蛹は金色をしているが、オオゴマダラは有毒な蝶でもあるので、これは背景に隠れるための隠蔽型擬態ではなく、むしろ警告をするための色なのかもしれない。

■標識型擬態

隠蔽型擬態が見つけられないようにするための擬態であるのに対し、極端な言い方をすると見つけられるようにするのが標識型擬態である。情報を受信するものに自らの存在を示すようなタイプの擬態で、隠蔽型擬態に比べると解釈が難しいケースも多い。この目立ちたがりの擬態を見ていこう。

ベイツ型擬態

ダーウィンと同時代の博物学者ベイツがこのタイプの擬態を最初に報告したことから、後に「ベイツ型擬態」と呼ばれるようになった。ベイツ型擬態で重要な点は、擬態者が似せようとするモデルが「危険である」「まずい」「嫌なものである」というサイン（警戒色、警告色）を発していることである。例えば、ハチやアリといった生物は、色や形でそれとわかる。ただし、ハチやア

リ自体は何かに擬態しているわけではなく、自らが危険であることを知らしめるために、そのような情報を捕食者などに流している。ベイツ型擬態は、本来は「危険でない」「まずくない」生物が、「危険である」「まずい」モデルの真似をして捕食者から逃れ、モデルの恩恵にあずかろうというものだ。

ベイツ型擬態で最もわかりやすいモデルはハチだろう。ハチが発する危険信号である黒と黄色のストライプ模様（黒地に黄色い縞模様か、黄色地に黒い縞模様）は、道路標識や危険な場所の標識にも利用されている。人間にとっても注意すべきサインとして脳に刻み込まれているのだろう。

次に、ベイツ型擬態のモデルとしては想像しにくい昆虫を紹介していこう。

ハチは膜翅目の昆虫で、膜のような透き通った翅が特徴的である。ウシアブの仲間（口絵12）、スカシバガ（蛾の仲間：口絵13）など、ハチに擬態した昆虫は極めて多い。

テントウムシ、ホタルなどは人間としては想像しにくい昆虫を紹介していこう。少なくとも鳥などの捕食者にとっては、嫌な臭いもするし、おいしくもない虫だからだ。テントウムシに擬態するのは、ゴミムシダマシやテントウムシダマシといった同じ甲虫目の仲間もいるが、系統が遠く離れたウンカ（米などにつく害虫で、普通のウンカはテントウムシとは似ても似つかない）やクモの仲間も、黒地に赤いスポット紋様

46

第二章　さまざまなものに化ける！　昆虫の面白い擬態

（もしくは逆）をしたものがいる。

テントウムシにベイツ型擬態するもので特に驚くのは、ゴキブリである（口絵14）。我々にとっては、そもそもゴキブリがまずくないという点に違和感があるわけだが、このようなカラフルなゴキブリがいることにびっくりする。

もう1つ、ベイツ型擬態のモデルとなる意外な昆虫をあげるとすると、蝶だろうか？　タテハチョウやアゲハチョウの仲間には、非常にカラフルな蝶がたくさんいるが、ベイツ型擬態のモデルとしている蝶が少なくない。渡りをする蝶として有名なオオカバマダラや、私たちの身の回りにいる蝶ではジャコウアゲハなどは「毒蝶」である。こういった蝶では、幼虫の時期に自分の食べた植物から有毒な物質をためこんでいて、捕食者に警告するために色鮮やかな翅をしている。私たちはそれを美しいと愛でているわけだが、鳥たちは全く逆の印象をもっているだろう。

これ以外に、カメムシ、ハンミョウといった昆虫が、ベイツ型擬態のモデルとして知られる。カメムシやハンミョウの仲間には非常に美しい昆虫がいるが、それは警告色と考えられる。

このようなモデルの昆虫には「美しいものには棘がある」という言葉が当てはまる。ただし、美しい昆虫がすべて棘をもっているわけではない。それは、美しい昆虫を真似る棘のない美しい虫かもしれないからだ。

ミューラー型擬態

ベイツはイギリス人だが、同時代のドイツの研究者フリッツ・ミューラー（1822年～1897年）は別のタイプの擬態を指摘し、後にミューラー型擬態と呼ばれるようになった。ベイツが発見したように毒蝶に似る無毒な蝶がいる一方、異なる毒蝶同士でも色や紋様が酷似する例が知られている。

タテハチョウ科のヘリコニウス（ドクチョウ亜科）は南米などに生息する鮮やかな警告色を示す蝶で、70種ほどが知られる。異なる種であるにも関わらず、ヘリコニウスでは似たような紋様をもつ蝶が多い。

ミューラーは毒蝶同士で色や紋様を似せることにより、捕食圧を減らしているのではないかと考えた。鳥などの捕食者は、最初から毒蝶をまずいと知っているわけではなく、一度食べてまずさを学習した上で、そのような紋様をもつ蝶を二度と食べなくなる。したがって、毒蝶といえども「犠牲者」は必ず出るわけだ。その際に、似たような紋様をもつ個体が多ければ多いほど捕食されるリスクは下がると思われる。

ただ、これを擬態と呼ぶかどうかには異論もある。擬態の定義に立ち戻ると、「モデル」が何種類かの毒蝶の紋様が互いに似通っているとすると、それぞれがモデルであり、それぞれが擬態者ということになるため、ミューラー型擬態は

第二章　さまざまなものに化ける！　昆虫の面白い擬態

明確には擬態とは呼べないという指摘もある。
ハチ、アリ、テントウムシといった昆虫も、それぞれの仲間は似通った紋様や形態をしている。これらもミューラー型擬態と考えると、警告色を示す昆虫のほとんどはこの擬態の範疇に入ることになるだろう。さらに、無毒な昆虫でも色や紋様が似通った例は多いので、ミューラー型擬態が果たして擬態かという問題は悩ましい。

目玉模様

捕食者に自らの存在を知らしめる変わったシグナルは、他にもたくさんある。ただ、これらが擬態なのか警告色の一種なのかを判別するのは難しい。例えば、私たちがよく目にする動物体表の紋様の1つに「目玉模様」がある。水玉のようなスポット紋様まで含めると、目玉模様はいろいろな場所にある。クジャクの羽、トラフグの横腹、ヒョウモンダコの体中など数えればきりがない。

クジャクはオスだけが華麗な羽をもち、目玉模様はメスにアピールするためのものと考えられる。それに対して、トラフグやヒョウモンダコは危険な生物であり、警告的なシグナルを発するということだ。一方で、よくわからない目玉模様もある。サーバルキャットや猛禽類のアメリカチョウゲンボウは、耳の後ろ

49

や頭の後ろに明らかに目玉と間違えるような紋様がある。獲物に対して進行方向を見誤らせるための工夫なのだろうか？

昆虫でも目玉模様は多用されており、特にイモムシや蝶の翅などによく見られる。アゲハチョウなどイモムシの幼虫の頭（実際には前胸部）には2つの目立つ目玉が描かれていることが多い。また、アケビコノハの幼虫の腹部の側面には、よく目立つ目玉が2つ並んでいる。これらの目玉は、捕食者に対する威嚇に使われている可能性がある。この場合は、警告色ではなく、モデルの目玉（何の目玉かはわからないが）に似せた擬態と考えられる。

一方で、毒々しい、派手な色のスポット紋様がたくさん並んでいるような幼虫もいる。毒のある幼虫で、このような紋様が使われている場合は警告色の一種なのだろう。威嚇として使う場合には、たくさんの目玉が並んでいるのはかえって不自然で、捕食者には危険な生物に似せた一対のするどい目を見せる必要があるとも考えられる。

蝶や蛾の翅にも目玉模様のある場合が多い。アケビコノハは、成虫の翅にも特徴的な目玉模様がある。通常は4枚ある翅のうち、枯葉のような前翅(ぜんし)だけが見えるようにとまっているが、捕食者などが現れるとオレンジ色の後翅をいきなり広げて威嚇する。その翅には、奇妙で大きな一対（後翅に1個ずつ）の目玉が描かれている。丸い紋様以外にも眉毛のような紋様もついており、果たして何を表しているのだろう？

第二章　さまざまなものに化ける！　昆虫の面白い擬態

このような意味のわからない紋様が翅に描かれている例は他にもある。南米などに生息するウラモジタテハの仲間は、アケビコノハと同じように後翅に数字のような紋様がある。8とか9のような文字に見えなくもない。無論、数字を表しているわけではないが、なぜこのような紋様が、捕食者たちを威嚇できるのかはよくわからない。一方で、ジャノメチョウの仲間では、前翅や後翅に大小いくつかの目玉模様が見られる。これらも威嚇のためのものなのだろうか？

蝶などを捕らえると、目玉模様の近くに鳥がついばんだビークマーク（くちばしの跡）が見られることがある。これらの目玉は鳥に頭の場所を見誤らせるためのマークとして使われており、頭部を攻撃されると致命的なので、偽の目玉でその攻撃をそらさせているようだ。尾びれを襲った捕食者は、その瞬間に魚が全く反対の方向に逃げるので驚くはずだ。魚などの尾びれに目玉がついている場合も有効と思われる。

このような「偽の頭」戦略では、頭の近くにある別のサインを似せる場合もある。蝶の後翅の先端が尾のような形になっている場合があるが、これなども角がこれに利用される。昆虫では触角に錯覚させようとしているのかもしれない。幼虫などでも尾に長い2本の突起が出ていることがあり、どちらが頭か迷ってしまうことがある。襲われることを前提として、本当の頭からなるべく離れた所を攻撃させる。生き延びるための工夫に感心する。

これ以外にも、昆虫には捕食者たちを遠ざけるためのさまざまな工夫が見られる。大量の昆虫

51

が集団で存在する、毛が大量に生えている、泡や綿のような違和感のある物質に包まれている、ヌメヌメしているなど、私たちが気持ち悪いと感じる性質は、捕食者たちにとっても近づきたくないサインなのだろう。

■攻撃型擬態（ペッカム型擬態）

昆虫のほとんどは食べられないために擬態をする。このような擬態を攻撃型擬態（ペッカム型擬態）と呼ぶ。食べる相手に近づく必要があるので、気づかれないように隠蔽型擬態をすると思われるが、これも単純に隠蔽という言い方をしてよいかどうかが難しい。

ハナカマキリは、カマキリと気づかずに偶然近寄ってきた昆虫を捕食していると筆者は思っていた。しかし、最近の研究によると、ハナカマキリは匂いも花に似せて昆虫をおびき寄せているというのである。こうなると、果たして隠蔽なのか、むしろ花であることを積極的に発信している標識型といってもおかしくはない。

アフリカなどにいるメダマカマキリの幼生は白と緑のストライプ模様で、花という感じではない（口絵15）。この場合は何に擬態しているのだろうか？

第二章　さまざまなものに化ける！　昆虫の面白い擬態

■サテュロス型擬態

さて、これまでの擬態はある意味では言い古された擬態かもしれない。擬態好きの読者ならば、どこかで見たか、聞いたことのある例かもしれない。しかし、通常はあまり擬態として取り上げられない擬態がある。昆虫の行動・生態学者であるイギリスのフィリップ・ハウス博士が名付けたサテュロス型擬態である。サテュロスは、ギリシャ神話に登場する半身が人間で半身が山羊の精霊である。ここから、ハウス博士は、見る者に異なる2つのイメージ（本来のイメージと、それとは異なるイメージ）を思い起こさせるような擬態をサテュロス型擬態と名付けた。

このタイプの擬態は、研究者にとっては「危険な擬態」といってもよい。明確な根拠はないが、そういう風に見えるのではないかという擬態だからである。しかし、これはある意味「擬態」の本質を突いているとも言える。なぜならば、擬態の多くは明確な根拠があって、モデルは何かがわかっているわけではないからだ。また、果たしてその擬態が、本当に自然界で機能しているかわかっていないことがほとんどだからだ。

「羊たちの沈黙」という映画がある。若い女性を狙った猟奇殺人事件の被害者の女性の口に押し込まれていたのが、メンガタスズメという蛾の蛹だった。映画のポスターにはメンガタスズメが不気味なのは、背中の中央部にドクロのような人の顔が見えることである。また、もう少し愛嬌のあるヒトの顔がジンメの成虫が、翅を広げて女性の口にとまっている。このメンガタスズメが不気味なのは、背中の中

53

ンカメムシの背中にも見られる。

おそらく、これらの紋様は目玉模様のように相手を威嚇するか、警告的な紋様として使われているのだろう。これらは何を模したのかはわからないが、擬態のモデルとして昆虫以外の危険な生き物に似せていたとしても不思議ではない。

サテュロス型擬態の中でもっともらしいモデルは、「蛇」である。アゲハチョウの幼虫の先端部には目玉模様がついているが、この目玉はよく見ると変わった目をしている。ジャノメチョウなどの目玉模様は同心円状の猛禽類の眼に似ているが、アゲハの幼虫の紋様は中心に白い線が入っており、蛇や猫の細長い虹彩を思い起こさせる。そもそも、イモムシは形状としては蛇に似ている。アゲハチョウの幼虫の目玉模様の間には、妙な曲線が描かれている。これも見ようによっては蛇が牙をむき出しているように見えなくはない（口絵16）。

何か不気味な物体が頭についたようなユカタンビワハゴロモは、その不自然な形で有名である。頭の物体は横から見るとワニに似ているともいうがどうなのだろうか？　後翅にある大きな目玉模様で捕食者を威嚇するようだ。中南米に生息するカメムシの仲間で、

サテュロス型擬態を提唱したハウス博士は、カエル、トカゲ、げっ歯類、コウモリ、サルなどのイメージが鱗翅目の翅や体に隠されているという。

ここで紹介した以外にも、私たちが知らない擬態がまだまだ存在するのかもしれない。

54

第三章

ダーウィンの時代の擬態研究

擬態という現象は、おそらく非常に古くから人々が目にし、その不思議さに慄くほど驚いたかもしれない。それまで木の幹だと思っていた所から虫が飛び出し、葉や枝だと思っていたものが急に動きだす。現代人よりはるかに自然を知っていた人たちだからこそ、その不思議を強く感じたことだろう。

しかし、擬態という現象全般が、科学的な言葉で表現されるようになったのはかなり最近のことで、筆者が思うにはダーウィンの時代である。

■ダーウィンの進化論と擬態

ダーウィンは進化論の父とも呼ぶべき存在で、著書『種の起源』は科学界のみならず、キリスト教を信奉する宗教家や一般市民にも衝撃を与えた。『種の起源』の初版が出版されたのは1859年11月24日で、当時のイギリスは産業革命によって圧倒的な経済力を誇り、軍事力によって世界の覇権を握っていた。一方、日本では同年10月27日に江戸で吉田松陰が処刑され、翌年3月には桜田門外の変で大老井伊直弼が暗殺されるという明治維新への胎動の時代である。

当時の西欧の人々は、地球上の生きとし生けるものは神が創ったものと頑なに信じており、神以外の何者か、つまり生物から生物が生じたというダーウィンの主張は大きな反響を呼んだ。その反響の大きさは、初版が即日売り切れ、重版を頻繁に重ねたことからもうかがえる。

第三章　ダーウィンの時代の擬態研究

ダーウィンは、地球上の生物が一種、もしくはほんの数種の生き物から派生したと主張した。また、生物種は変化してさまざまな種を生じ、環境に最も適応したものが生存する、いわゆる自然選択説を明確に述べた。しかし、ダーウィンはこのような考えが非常に「危険」であることを察知していたようだ。

ダーウィンがビーグル号に乗ってガラパゴス諸島など探検したのは、『種の起源』の出版の20年以上も前の1831年から1836年にかけてのことである。ビーグル号での航海がきっかけとなって進化論の着想を温めたといわれるが、その学説を一般に公表するのにこれだけの期間が必要だったのだろうか。ダーウィンは1840年頃から進化論に関する着想を書き残していたが、公にすることなく少数の学者以外には長らくそれを秘していたのである。キリスト教の世界に生きるダーウィンは、進化論の社会的影響力を十分に理解していたのだろう。

ではなぜ、20年後に突然発表することになったのだろう。これは、ダーウィン以外にも進化論に気がつく人間が周囲に増えたためと思われる。おそらくダーウィンは、人に先んじて発表したいという功名心よりは、むしろ自分を理解し支持する学者がある程度増えたという状況から発表に踏み切ったのだろう。

進化論の支持者のうちの2人がウォレスとベイツである。特に、ウォレスはマレー諸島での標本採集を通じて、ダーウィンとは独立に自然選択説を強く確信するようになった。ダーウィンと

57

ウォレスは、ほとんど面識はなかったが、文通をきっかけにお互いの考えを知ることとなり、『種の起源』を発表する前年には、ロンドンのリンネ学会でダーウィンと共同で自然選択に関する論文を発表している。もし当時ノーベル賞が存在したとすれば（1901年からスタート）、進化論の提唱に対してダーウィンとウォレスの2名に授与されていただろう。ダーウィンはその時既に高名な学者であり、ウォレスはこの共同発表により広く知られるようになった。

さて、ここで重要なことは「擬態は進化論の中心」にあったという事実である。少し大げさな表現ではあるが、ダーウィンとウォレスは、何十もの文通の中で、擬態や警告色について再三にわたり議論を繰り返していたのである。また、「擬態の発見者」であるベイツが、この議論の中に加わることもあった。擬態がどのように科学の俎上（そじょう）に載るようになったのかを理解するために、ダーウィン、ウォレス、ベイツが何を見つけ、何を話し合ったのかを見ていこう。

■擬態の生みの親：ベイツ

ウォレスとベイツは友人だった。名家の生まれであるダーウィンに対して、ウォレスは10代前半に見習い測量士として、ベイツは13歳で靴下屋の徒弟として若い頃から働いていた。仕事に満足できなかった両者の共通の趣味は昆虫採集であり、アマチュアの研究者として互いを知るようになった。この点はダーウィンも似ており、大学での退屈な講義よりも昆虫採集に勤しんだとい

第三章　ダーウィンの時代の擬態研究

う。

1848年、彼らは、既に高名だったダーウィン（当時39歳）のビーグル号航海記などに憧れ、25歳のウォレスが2歳年下のベイツを誘い、未開の地アマゾンに旅立った。ウォレスとベイツはそれぞれの仕事を辞め、熱帯雨林で昆虫や動物を採集することにしたのである。ただし、ダーウィンのような探検をするためというよりも、標本商やコレクターに採集した標本を売ることが主な目的だった。当時は博物学の全盛期でもあり、標本採集はそれなりにお金になる「仕事」だったのである。

南米に渡ったウォレスとベイツは、しばらくすると別々に採集するようになり、ウォレスは4年後に、ベイツは11年後にイギリスに帰国するまで、大量の昆虫・動植物を採集し続けた。彼らは、アマゾンの膨大な生物種を目の当たりにし、つぶさに観察して、「進化」のありさまを、身をもって学んだに違いない。

ウォレスは帰国して3年後にマレー諸島に渡り、再び8年もの間採集を続けた。一方、ベイツは、帰国してからイギリス本土を離れることはなかった。ベイツがロンドンに届けた標本は1万4000種を越える膨大なもので、それを整理するだけでも長い年月がかかったという。

ベイツは十分な収入もなくしばらく田舎暮らしをしていたが、ダーウィンの勧めもあり、1862年初頭にようやく唯一の著書である『アマゾン河の博物学者』（長澤純夫訳、新思索社）

59

を出版した。ダーウィンはこの本を絶賛して宣伝し、当時のメディアもこれを支持して、最高の博物学の探検記との定評を得るに至った。

この本には、昆虫や動物といった生物だけでなく、当時はほとんど知られていなかった原住民の暮らしや風習がつぶさに描写されている。また、昆虫の中でも蝶に関する記述が多い。評伝『ベイツ』（長澤純夫訳、新思索社）には「これらの蝶の翅の地色は通常は真っ黒で、その上に濃い紅や白、鮮黄などの斑点や茶があり、これが種によってさまざまな紋様になっている。それらの優美な形といい、あでやかな彩りといい、さらにゆっくりと滑るような飛び方といい、そのどれもこれもが、この仲間を非常に魅惑的なものとしている」という一文がある。これからもわかるように、後年、ベイツ型擬態のモデルになったドクチョウ属（タテハチョウ科）をベイツは特に気に入っていたようだ。

ベイツは、極めて多様な紋様があるドクチョウ属の蝶の標本を目で追っていくうちに、分類上、縁遠いシロチョウ科の蝶にも非常に似た紋様の蝶が多数いることに気がついた。ドクチョウ属の蝶は標本にすると、一度食べた鳥たちも二度と食べなくなるほどの嫌な臭いを発するが、シロチョウ科の蝶は特に嫌な臭いを発することもない、ごく普通の蝶である。ベイツは、無毒な蝶が有毒な蝶に似せることにより捕食されにくくなっていると考えるようになり、これを「擬態」（後年、彼の名を冠しベイツ型擬態と呼ばれるようになった）と呼んだ。

60

第三章　ダーウィンの時代の擬態研究

ベイツは、ダーウィンが『種の起源』を公表してまもない1860年から1861年にかけて、学会や論文誌で自ら発見した擬態を報告している。ここでの重要な点は、ダーウィン進化論の信奉者であるベイツが、擬態そのものよりも、『種の起源』と進化論を支持する例として擬態を強調していることだ。

1861年11月、リンネ協会で「アマゾン河流域の昆虫相への寄与」（論文としては1862年に公表）という題目で発表した際には、「擬態類似の目的、あるいは究極の原因に関しては、大きな意見の相違は出ないものと考える。（略）それより擬態が生みだされた過程の方がずっと深遠な謎である。事実、これは種の起源、ならびにあらゆる種類の適応という重大な課題の中に含められる問題である。1冊の注目すべき本が出版されてから、この問題はようやく、科学的方法にしたがって議論されはじめたばかりであること」（『ベイツ』より）と述べている。ここでいう1冊の本とは当然、ダーウィンの『種の起源』である。

また、ベイツは、「一つの擬態種は、たぶん、現在それがまとっている擬態の衣をずっとまとってきたのではないこと」（『ベイツ』より）と、擬態が適応的な進化の産物であると述べている。

一般の人々に向けた著書『アマゾン河の博物学者』においても、ドクチョウ属がなぜかくも多様なのかということを、ダーウィンの『種の起源』の重要性を説きながら説明しており、ベイツのダーウィンへの傾倒ぶりがうかがえる。

61

一方、ダーウィンにとっても、ベイツの援護射撃は気に入らないわけはなく、ベイツの論文を「何度も読み返し（略）私が生涯においてこれまでに読んだ中で最も注目すべき論文です」(『進化論の時代』、新妻昭夫著、みすず書房）とベイツに向けた書簡で述べている。

ベイツは擬態の発見者として、また名著の著者として広く知られるようになった。1864年には王立地理学会事務局に就職口を見つけ、安定した生活を送るようにはなったが、以後は採集や研究に直接関与することはなかった。その意味では、ベイツにとって最良の時代は過ぎ去ってしまったのかもしれない。

ベイツとダーウィンが、終生深い親交を続けたのはいうまでもない。

■進化論の立役者：ウォレスの生涯

一方、もう1人の進化論の主役ウォレスは、ベイツとは対照的な一生を送ったともいえる。マレー諸島に渡ったウォレスは、1858年3月9日にダーウィンに宛てて「変種が元のタイプから無限に遠ざかる傾向について」と題する論文と手紙を送った。これは『種の起源』が刊行される1年半前のことで、ダーウィンはこの時期には既に、執筆に着手していた。

6月18日に手紙を受け取ったダーウィンは、自分が20年温めてきたアイデアと瓜二つの内容の論文に驚いた。急いで友人のライエルとフッカーに相談し、2週間後のリンネ協会の総会で、ダー

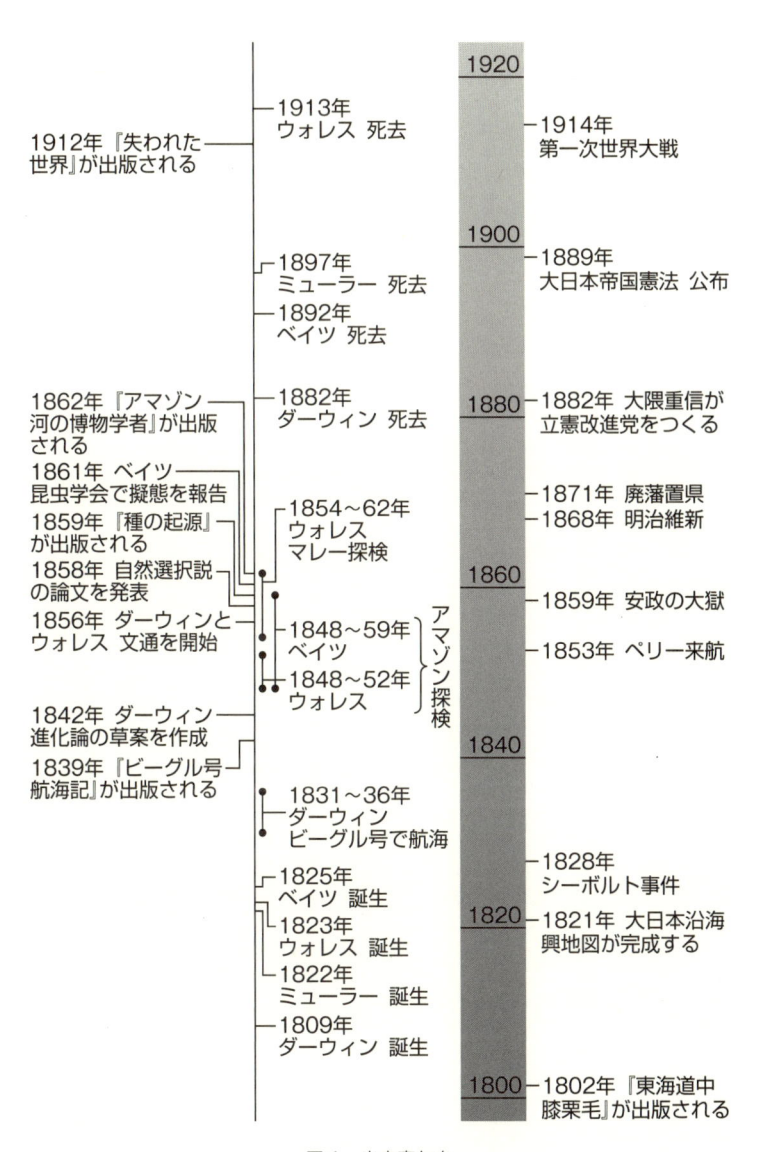

第三章　ダーウィンの時代の擬態研究

1912年『失われた — 1913年
世界』が出版される　ウォレス 死去

　　　　　　　　　　　　　　　　　1920

　　　　　　　　　　　　　　　　　　　— 1914年
　　　　　　　　　　　　　　　　　　　　第一次世界大戦

　　　　　　　　— 1897年　　　　1900
　　　　　　　　　ミューラー 死去　　— 1889年
　　　　　　　　— 1892年　　　　　　　大日本帝国憲法 公布
　　　　　　　　　ベイツ 死去

1862年『アマゾン — — 1882年　　1880 — 1882年 大隈重信が
河の博物学者』が出版　ダーウィン 死去　　　　　立憲改進党をつくる
される
1861年 ベイツ — 　　　　　　　　　　— 1871年 廃藩置県
昆虫学会で擬態を報告　　　　　　　　— 1868年 明治維新
1859年『種の起源』— 　— 1854〜62年
が出版される　　　　　ウォレス
1858年 自然選択説 — 　マレー探検　　1860
の論文を発表　　　　　　　　　　　— 1859年 安政の大獄
1856年 ダーウィンと — — 1848〜59年 ア　— 1853年 ペリー来航
ウォレス 文通を開始　ベイツ　　　マ
　　　　　　　　　— 1848〜52年 ゾ
　　　　　　　　　　ウォレス　　ン
　　　　　　　　　　　　　　　探
　　　　　　　　　　　　　　　検
1842年 ダーウィン — 　　　　　　　1840
進化論の草案を作成
1839年『ビーグル号 — — 1831〜36年
航海記』が出版される　ダーウィン
　　　　　　　　　　ビーグル号で航海

　　　　　　　　　　　　　　　　　— 1828年
　　　　　　　　　　　　　　　　　　シーボルト事件
　　　　— 1825年　　　　　　　1820 — 1821年 大日本沿海
　　　　　ベイツ 誕生　　　　　　　　　興地図が完成する
　　　　— 1823年
　　　　　ウォレス 誕生
　　　　— 1822年
　　　　　ミューラー 誕生
　　　　— 1809年
　　　　　ダーウィン 誕生

　　　　　　　　　　　　　　　　　1800 — 1802年『東海道中
　　　　　　　　　　　　　　　　　　　　膝栗毛』が出版される

図6　出来事年表

ウィンとウォレスの連名で「自然淘汰による進化学説」を発表したのである。ウォレスは連名で発表されることすら知らず、遠く離れたマレー諸島にいたため、当然のことながら総会に出席することもなかった。ダーウィンも病気で出席しなかったので、この世紀の発表は2人の著者不在の中で行われた。このような状況は、普通ならばあまり快く思わないかもしれないが、ウォレスは遥かなる先達のダーウィンと連名で論文が発表されたことを感謝したという。ウォレスは1862年に帰国し、その後も多数の著作と論文を世に送り出した。

皆さんはシャーロックホームズシリーズを書いた、コナン・ドイルという作家をご存じだろうか。彼が1912年に発表したSF小説『失われた世界』（龍口直太郎訳、東京創元社）には、2度ほどウォレスとベイツの名前が出てくる（図6）。

1つ目は、南米で恐竜を発見したというチャレンジャー教授が記者に向かって「わしの旅行の目的はウォレス、及びベイツの結論を実証することだった」と怒鳴りつけるくだり。2つ目は、チャレンジャー教授の話に懐疑的なサマリー氏が「ウォレス、ベイツをはじめとした名だたる科学者たちが探検した地方で、恐竜をあなただけが発見できるものか」と詰め寄るくだりである。

この小説が発表された頃、ベイツは既に死去、ウォレスは89歳となっていたが、いずれにしても、両名は大衆にも広く知られる存在だったわけである。しかし、ダーウィンが『種の起源』で得た名声に比べるとウォレスの名は小さく、彼の死後、多くの人々の記憶からその名は忘れ去ら

64

第三章　ダーウィンの時代の擬態研究

れてしまった。

私生活においても、ベイツのような安定な職に就くチャンスはなく、経済的にも恵まれない状態にあったようだ。1880年にウォレスが困窮を極めた際には、ダーウィンが政府に働きかけて特別な年金が支給されたというのだから、想像がつくだろう。

■ダーウィンにもわからなかったイモムシの警告色

アマゾン探検から帰国したウォレスが、ダーウィンと進化について議論し、親交を深めていたことがわかる数多くの往復書簡が残っている。ウォレスは当初、擬態や色彩には取り立てて興味はなかったようだが、ダーウィンからの手紙に触発されて、のめりこんでいった。

ダーウィンは、動物の体色に見られる派手な色彩は、性によって選択（一般に性選択という）されるものと考えていた。例えば、鳥類のオスが美しい色で彩られているのは、メスの気を引くためであり、派手な色彩も同様に性選択で生じたと考えていた。

しかし、ダーウィンは、派手な色彩のイモムシがどのように進化したのかがよくわからず、ベイツに「ウォレスに聞いてみたらどうか」とアドバイスされた。

1867年2月23日のダーウィンからウォレスへの手紙には、次のように書かれてある。

「私の質問はこうです。イモムシがときどき美麗で芸術的な色彩をしているのはなぜなのか？（略）オスの蝶が性選択によって美しくなったことに誰かが反論して、イモムシが美しいのに蝶が美しくなっていないことがあるのはなぜかと問われたら、あなたはどう答えるだろうか？私には答えることができませんが、それでも主張を変えるつもりはありません。（略）また、あなたが言っていた擬態しているメスの蝶は、オスよりも美しくあざやかなのだろうか？」(『進化論の時代』より)。

この手紙に対するウォレスの返事は残っていないが、ウォレスは自伝の中で次のように回想している。

「この手紙を読んでほとんど即座に、この事実を簡単に説明できそうなことに気がついた。ちょうどその頃、"擬態と保護色"についてのわりと緻密な論文を発表しようと準備していて、特に目立つ色でゆっくり飛ぶ蝶類が特別な臭いや味をもっていて、昆虫食の鳥類や他の動物の攻撃から保護されているという多数の例を集めていたので、派手な色彩のイモムシも同じようにして保護されているのに違いないと、すぐに推測することができたのである」(『進化論の時代』より)。

これに対してダーウィンは、3日後の26日に送った手紙で、「ベイツは全く正しかった。困った時はあなたに尋ねるのに限ります。あなたの説明以上によくできた説明を私は一度も聞いたことがありません」(『進化論の時代』より)とウォレスの能力を非常に評価している。

しかし一方で、昆虫においても派手な色彩は基本的には性選択で進化したという自説を変えることはなかった。不思議なのは、ダーウィンはベイツが唱えた毒のある派手な蝶に無毒な蝶が似る擬態は認めておきながら、イモムシの警告色を理解できなかったことである。この点についてウォレスは「ベイツもダーウィンも、成虫だけでなく幼虫も食べられないようになっていることがありうる、ということに気づいていなかったこと」に驚いた、と後に回想している。

当時は警告するための色という概念がなく、ウォレスは非常に多様な例を報告し、警告色を一般化することに成功した。イモムシの警告色は、インドネシアのバリ島とロンボク島の間で生物種の分布が大きく異なることの発見（ウォレス線と呼ばれる）とともに、彼の代表的な業績と言われている。彼自身、自伝で自分が成した科学的な業績の3番目に、イモムシの派手な色彩をあげている（ちなみに1番目は自然選択説である）。

■環境に応じて変わる蛹の保護色

ウォレスは、1878年に出版した自著『熱帯の自然』（谷田専治、新妻昭夫訳、平河出版）で、モンシロチョウの幼虫を白い箱に入れると白い蛹に、黒い箱に入れると黒い蛹になることや、ヤママユガの繭も周囲の色に合わせて変化することを紹介している。特に興味深い例として、南ア

フリカにいるニレウスルリアゲハの幼虫はオレンジの木につくが、蛹は周囲に合わせて色が変化するという論文をあげている。

「バーバー夫人は蛹が、その接している自然物の色を多少なりとも獲得する性質をもつことを発見した。たくさんの幼虫を、一方は赤い煉瓦の壁、他方は黄色っぽい板でできている箱の中に入れ、ガラス板でふたをしておいた。幼虫にはオレンジの葉を食べさせ、同時にバンクシアマツの枝を箱の中に入れておいた。十分食物を摂った後、これらはすべて緑色の蛹になったが、いずれも周囲の葉の色に対してはバンクシアマツの枝につき、あるものはオレンジの枝に、またあるものは板と同じような黄色になった。しかるにちょうど板と煉瓦の接ぎ目のところについてものが一つあったが、これは体の一方が赤く、他方は黄色になったのである」（『熱帯の自然』より）。

このアゲハが、背景色に応じて、本当にこれほど多様な色になりうるのかどうか、筆者は残念ながら知らないが、周囲に合わせて蝶の蛹が色を変化させることにウォレスは大きな興味をもっていたことがよくわかる。

■ **メスに限定されたベイツ型擬態**

ウォレスはベイツ型擬態についても、興味深い指摘をしている。

68

第三章　ダーウィンの時代の擬態研究

ナガサキアゲハは、日本では九州などで見られる蝶だが、翅に尾がついていないタイプのものしか見つからない。ところが、台湾などでは、尾がついて毒々しい赤いスポットの翅をもつタイプが見られる。じつは、この蝶のメスには2タイプあり、日本のタイプは擬態していないメス、台湾のタイプはベニモンアゲハなどの毒蝶に擬態しているメスである。

ウォレスは、ナガサキアゲハのメスには2タイプあり、一部のメスだけが擬態することを最初に見つけた。彼は、アゲハ属 (Papilio)、シロチョウ属 (Pieris)、ムラサキ属 (Diadema) の蝶では、一般にメスだけがマダラチョウ科に擬態しているメスがオスより美しいことを報告している。さらに、これらの蝶がマダラチョウ科や他のものに擬態している例は1つとして知られていないと指摘している。ウォレスは、ナガサキアゲハのメスが、捕食者から逃れるために、警告色を使っている種に擬態しているということだけでなく、「なぜメスだけが擬態するのか?」についても、栄養価が高いためだろうということまで看破している。「なぜメスだけが擬態するのか?」という疑問にも、明確に答えたわけである。

このような議論は、現在の生物学から見ても極めて正確なものと映る。19世紀に隆盛を極めた博物学を基にした進化論は、メンデルの遺伝学の登場とともに急速に衰退した。遺伝情報が正確に次世代に伝わるという遺伝学のコンセプトからすると、種が変化していくという進化論の見方

69

が不正確に思われたのかもしれない。

この後、擬態の研究は、ダーウィンの時代より100年近く下った1970年代に動物行動学者が「再発見」することにより再び花開くことになったが、その詳細については『擬態―自然も嘘をつく』(羽田節子訳、平凡社)に譲りたい。

第四章

昆虫の擬態はなぜ緻密なのか

自然界には、昆虫以外にも擬態する生物がたくさんいる。例えば、黄色い毛皮に黒いスポット状の紋様がちりばめられたヒョウ柄のネコ科の動物によく見られる。このような紋様は、草木の低い草原で隠れやすく、獲物に気づかれにくい効果があるようだ。

魚にも擬態を得意とする種が多く、アマゾン川などにいる体長10センチほどのリーフフィッシュは、落ち葉などが多い所に潜んでいる（口絵17）。これも、捕食から免れるための「技」ではなく、小魚やエビなどを捕食するためのカムフラージュだという。

ただ、これらの擬態紋様は、昆虫の体表に描かれた擬態紋様に比べると大まかに見える。遠めには効果的な紋様だが、近づいてみると何の紋様かわからないかもしれない。

■ 脊椎動物の紋様はどうやって生じるのか？

ヒョウや魚は昆虫と違って背骨があり、脊椎動物と呼ばれる。脊椎動物の体表は昆虫の体表とは構造が大きく異なっており、紋様を緻密に描こうと思ってもできないのである。昆虫の体表の緻密な紋様のでき方を解説する前に、まず脊椎動物の体表構造について説明しよう。

人の体表は皮膚と呼ばれ、体の中では最も大きな「器官」である。皮膚は一番外側の表皮、その下の真皮、さらに内側の皮下組織の3層からできている（図7）。表皮は細胞の死骸とタンパク質の塊からできており、病原菌や傷などから身を守る防護壁のような役割をしている。また、

72

第四章　昆虫の擬態はなぜ緻密なのか

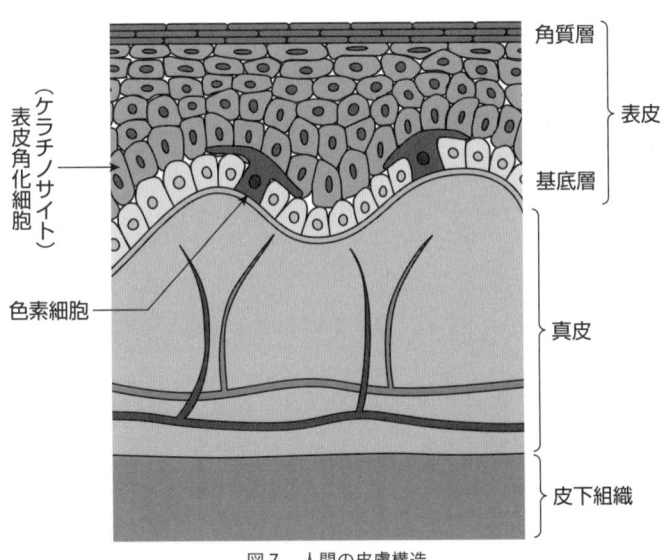

図7　人間の皮膚構造

（図中ラベル：角質層／表皮／基底層／真皮／皮下組織／（ケラチノサイト）表皮角化細胞／色素細胞）

　表皮細胞が何層にも積み重なっており、一番下側に表皮細胞をどんどん作り出す細胞（基底細胞）がある。色を作り出すのは「色素細胞」という特別な細胞で、人の皮膚には基底細胞の5％ほどしかない。つまり、色を作り出すのは表皮の中でも、ごくわずかな細胞だけなのである。

　哺乳類と鳥では、色素細胞で作られるのはメラニン（黒色の色素）だけで、色素細胞のことを「黒色素胞」と呼んでいる。しかし「哺乳類や鳥には、黒や茶色以外の色もあるじゃないか」と思う人もいるかもしれない。じつは、メラニンにはユーメラニンとフェオメラニンの2種類があって、後者にはオレンジ色から茶色に近い色のものがある。

　例えば、鶏の名古屋コーチンは全身赤みが

かっているが、これにはフェオメラニンが使われている。哺乳類や鳥では、こういった色素を表皮に送り込んで色を作っている。したがって、虎の毛にしろ、鳥の羽毛にしろ、黒色素胞で作られたメラニン色素が移動して色が生じているわけだ。鳥の羽は大きなものでは10センチ近くになるが、羽の根元にある色素細胞の色を送り込む量やタイミングに従って、さまざまな紋様ができるといわれている。

一方、魚、両生類、爬虫類には、黄色、赤色、白色などさまざまな色素を作る、異なる色素細胞がある。哺乳類や鳥と違って、これらの生物では色は細胞の中にとどまっていて、表皮を通してその下にある細胞の色が見えている。すなわち、色素細胞が上下左右に3次元的に配置されて多様な色や紋様が生じているわけである。

面白いのは、色素細胞の中で色素が広がったり、集まったりして、外からは異なる色（色が生じたり消えたりするなど）に見えることがあるという点である。ヒラメやカメレオンは、神経系からのシグナルで、このような細胞内の色素の凝集と拡散を制御できるため、背景の色に合わせて色を変えることができるのだ。

■チューリングと動物の紋様

脊椎動物は、昆虫ほどにはきっちりと線や紋様を描けず、その体表の紋様は、基本的には繰り

第四章　昆虫の擬態はなぜ緻密なのか

返しのパターンが多い。繰り返しのパターンで代表的なヒョウ柄の紋様は、じつは「数学」を使って描かれている。

このことを最初に指摘したのは、アメリカのジョン・フォン・ノイマン（1903年〜1957年）と並んでコンピュータの基礎理論を構築したイギリスのアラン・チューリング（1912年〜1954年）である。チューリングはケンブリッジ大学で数学を専攻した後、チューリング・マシンという仮想的な計算理論を構築し、さらに第二次世界大戦中にはドイツ軍の暗号エニグマを解読する任務を果たした。数学の天才チューリングに起こった悲劇は世界的にもよく知られた話で、『イミテーション・ゲーム』という映画にも描かれている。

チューリングは1952年に「形態形成の化学的基礎」という論文で、生物に見られる規則的なパターンが繰り返し描かれる数理モデルを提唱した。彼は、生物の形や紋様を構成する細胞は、当初は均質な状態だが、生物が発生する段階で「何か」が変化すると均質な状態が打ち破られ、それに伴って起こる変化が波のように広がって、周期的な構造が自発的に生じると考えた。例えば、池に小石を投げ入れると波紋が広がっていくように、ある細胞で何らかの遺伝子のスイッチが入ると、それまでの均質な状態から変化が生じ、その影響が周囲に広がっていくようなイメージだ。

チューリングは変化の波を作り出す方法として、2つの因子を想定した。周期的な構造の形成

を促進する活性因子と、それを抑制する抑制因子である。この2つの因子が相互に影響しあいながら空間を移動すると、物質の濃淡のパターンが生じ、生物の形や紋様が生じると考えたのだ。実際にそのような因子があるかどうかは問題ではない。生物学の知識や先入観に惑わされない、まさしく天才の発想というべき「突飛さ」である。

チューリングは、

(A) 活性因子は自分自身を増やそうとするが、同時に抑制因子も作り出す
(B) 抑制因子は活性因子が増えるのを抑制する
(C) 抑制因子は活性因子よりも早く拡散する
(D) これらの因子は細胞間を自由に移動し、濃度の高い方から低い方へと移動していく

と仮定した。

まず、何らかの遺伝子のスイッチが入り、活性因子の濃度が周囲の細胞よりも高くなる。そうすると抑制因子が作られ、いち早く周囲へと拡散し、活性因子の濃度が下がる。つまり、細胞間で活性因子の濃度に差が生じることになり、この「波」がさらに四方へ広がっていく。チューリングは、細胞の中にある活性因子と抑制因子の濃度が時間とともにどのように変化するのかを2次偏微分方程式で表し、因子の拡散の仕方（拡散定数）によってさまざまな紋様パターンが生じることを示した。

第四章　昆虫の擬態はなぜ緻密なのか

当然のことかもしれないが、「このような因子は実在しうるのか？」という疑問から、チューリング・パターンは、生物学者にとっては「机上の空論」だったかもしれない。しかし、数学者や数理生物学者が次第に着目するようになった。

チューリングの死後20年以上たった1989年、オックスフォード大学のマレーはチューリング・パターンの拡散定数を変えてシミュレーションすると、4本の足を広げた毛皮のような形の上にさまざまな紋様が生じることを示した。また、細い尻尾では縞模様が生じ、太い尻尾ではスポットのような斑紋が生じることも示した。これは、実際にネコ科のジェネットの細い尻尾で見られる縞模様や、チータの太い尻尾の根元に見られるスポット紋様のパターンと一致したのである。そして、1994年には大阪大学の近藤滋博士らが、熱帯魚のエンゼルフィッシュの縞模様が反応拡散モデルによって表されることを示し、生物学においてもチューリングのアイデアが机上の空論ではなくなった。

現在はさらに、細胞の中にある活性因子や抑制因子を同定するなど、シミュレーションの域を越え、生物の体の中で実際に起こっている分子機構を解明しようと研究は続いている。

■昆虫の皮膚はどのような構造になっているのか

話を昆虫に戻そう。前述のように、昆虫の擬態紋様は脊椎動物に比べてはるかに緻密にできているように見える。例えば、アゲハの終齢幼虫を手にとって間近に見ても目玉模様ははっきりと見え、さらに顕微鏡で観察すると、目玉模様の間にある不思議な線までくっきりと見える。また、蝶の翅では鱗粉（りんぷん）が着色しているが、鱗粉はその1枚1枚の色が違っていて、色の領域の境界もかなりはっきりしている。

同じように葉に擬態しているリーフフィッシュとコノハムシを比べると、葉脈や枯れた個所まではっきりと描く昆虫に軍配があがるような気がする。昆虫体表の紋様はなぜ他の生物より緻密なのだろうか。

この違いを考えるには、昆虫の皮膚の構造を知っておく必要があるので、ここで説明しよう。

昆虫の骨：クチクラ

昆虫の皮膚は、脊椎動物とは随分異なる構造をしている。皮膚の一番外側の表面を、クチクラという「物質」が覆っている。人間の髪の毛の表面を覆っている薄い細胞の層をキューティクルというが、クチクラと同じ言葉である。脊椎動物にも薄い表皮構造はあるが、昆虫のクチクラは「骨」ともいえる重要な構造を形成しており、一般には外骨格と呼ばれる。クチクラの内側には

78

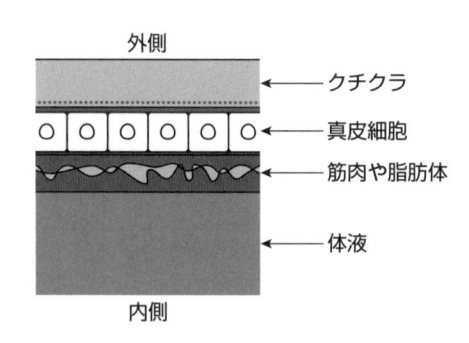

第四章　昆虫の擬態はなぜ緻密なのか

図8　昆虫の皮膚構造

　一層の真皮細胞がクチクラを裏打ちするようにびっしりと敷き詰められており、これも複数の細胞層からなる脊椎動物とは大きく異なる点だ（図8）。

　昆虫のクチクラは、真皮細胞から分泌されるタンパク質やキチン（糖の一種）からなる物質である。カブトムシやクワガタのクチクラは真っ黒で硬いが、緑色のイモムシや真っ白いカイコの幼虫は柔らかくて、しなやかである。とても同じクチクラでできているようには思えない。

　両者の違いが何によるのかは、じつはまだ正確にはわかっていないが、クチクラ内部の水分含量や構成成分がおそらく異なるのだろう。クチクラを構成するタンパク質はクチクラタンパク質と呼ばれるが、数十種類から百種類以上もあり、昆虫種によって異なる。

　クチクラタンパク質は、その特徴によっていくつかのクラスに分かれるが、クチクラの大部分はクチクラタンパク質とキチンが結合しあって硬くなると考えられている。膨大な種類のク

チクラタンパク質がそれぞれどのような役割を担っているかは、まだ十分には解明されていないが、特殊な働きをしているものは、いくつか見つかっている。例えば、トンボは飛翔の名人だが、その飛翔を可能にしているレシリンというゴムのようなタンパク質が見つかっている。レシリンは、飛行筋肉と結合する靭帯の部分に存在し、驚異的な弾性をもっている。この靭帯部分を取り出して引っ張ると、元の長さの3倍にもなり、力を緩めると変性することなく元の形状に戻るという。また、1週間の間引っ張ったままの状態にしても、その形や弾性には影響がなかったと報告されている。

このような性質はレシリン内部の特殊なアミノ酸配列に依存しており、さまざまな分野へ応用ができそうだ。筆者らも、カイコの皮膚からレシリンと似た配列をもったクチクラタンパク質を見つけており、果たしてゴムのように伸び縮みするのか、それとも全く別の性質をもっているのか、確かめてみたい。

クチクラの役割

同じアゲハチョウでも、幼虫（イモムシ）、蛹、蝶の色や形は全く異なり、クチクラの構造や働きも異なっている。幼虫や蛹のクチクラは、バクテリアや微生物から身を守り、体の水分を失わないようにする働きがある一方で、十分な通気性も備えている。対して、蝶のように飛翔する

第四章 昆虫の擬態はなぜ緻密なのか

成虫のクチクラは軽くできている。

クチクラは、昆虫の全身をくまなく覆っている。翅、肢、触角はもちろん、眼さえもその表面はクチクラで覆われている。各組織の働きは異なるので、クチクラの構成成分は異なっているようだ。

私たちの身近な所に、変なクチクラもある。奈良県の正倉院にある国宝の玉虫厨子には、大量の玉虫の翅が使われていて、見る角度によって赤や緑色など7色の色彩が見えるらしい。残念ながら筆者は実物を見たことがない。玉虫、コガネムシ、南米のモルフォチョウなどに見られるメタリックな感じの色合いは、クチクラの「構造色」によって生じている。昆虫だけでなく、鳩の首の辺りの色やアワビなどの貝類の殻に見られる色なども構造色だ。

構造色は、色素（色のついた化学物質）ではなく、層や膜の間で光が屈折や反射する時に干渉しあうことによって生じる「物理的な色」である。例えば、表面にある微細な凹凸によって鮮やかな青色に見えるDVDのように、モルフォチョウも翅の鱗粉のクチクラに細かな溝があって鮮やかな青色が見える（口絵18）。このような構造色を作るためには、クチクラの表面や内側に細かな「細工」をする必要があるが、どのようにして溝や層などの構造が作られるのかについては、まだわかっていない。

一口にクチクラといっても、個体の発生ステージ、生物種、体で使われている場所によって随分と役割が異なることがおわかりいただけただろうか？

脱皮と新しいクチクラ

では、クチクラはいつ作られるのだろうか？　昆虫が大きくなるためには外側の骨、つまりクチクラを脱ぎかえる必要があり、この過程を脱皮という。したがって、基本的には脱皮する時に新しいクチクラが作られる。脱皮の期間は、昆虫の種類や脱皮の時期によっても異なるが、例えばアゲハの4齢幼虫が5齢幼虫になる4齢脱皮期は1日程度である。

では、昆虫は生涯に何回脱皮するのだろうか？　この質問は意外に答えるのが難しい。ゴキブリのような不完全変態昆虫でも、蝶や甲虫のような完全変態昆虫でも、脱皮するのは同じである。ただ、昆虫の種類によって脱皮の回数は異なるのと、発育状態や温度などによっても脱皮の回数が変わることがあるので、正確に何回と言えない場合も多い。アゲハチョウでは、幼虫脱皮（幼虫から幼虫になる時）が4回、蛹脱皮（幼虫から蛹になる時）が1回、羽化（蛹から成虫になる時）で1回の、合計6回は少なくとも脱皮をする。「少なくとも」と断ったのは、カイコなどでは幼虫になる前に、卵の中の胚の状態でも脱皮しているという報告もあるので、アゲハチョウでもそうなのかもしれない。ちなみに、卵の殻か

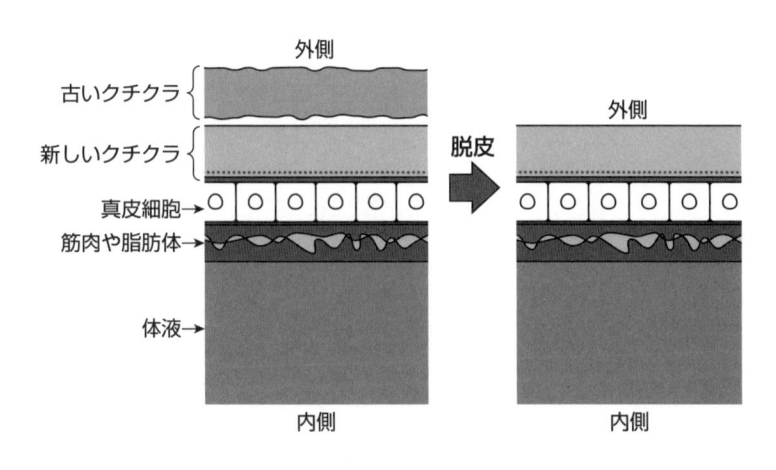

第四章　昆虫の擬態はなぜ緻密なのか

図9　脱皮

ら幼虫が出てくることを孵化というが、これは脱皮ではない。

脱皮の間、幼虫は餌も食べずにじっとして身動きしない。その間に、数十種類のクチクラタンパク質が真皮細胞で作られ、クチクラとして分泌される。おそらく、クチクラタンパク質の合成の順番や分泌のタイミングが正確にコントロールされ、それぞれの皮膚に適したクチクラの構造ができあがると想像されるが、その過程の詳細はわかっていない。脱皮が終わる頃には、新しいクチクラは硬くなり、古いクチクラを脱ぎ捨てて、新しいクチクラを表に出す（図9）。

昆虫以外にも、カニやエビなどの節足動物、クモやサソリ、線虫などといった生物は脱皮をすることで特徴づけられるので、最近になって「脱皮動物」という呼び名がつけられた。

83

不思議な現象：変態

蝶や甲虫のような完全変態昆虫の幼虫から蛹への脱皮、蛹から成虫への脱皮は姿形が突然変わることから、古くから多くの人が「変態」と呼んで不思議な現象と感じてきた。変態は、脱皮の時に突然起こるのではない。例えば、アゲハチョウの幼虫は4回目の脱皮を終えると、大量の柑橘類の葉を食べて巨大なアオムシになる。しかし、1週間ほどすると突然食べるのを止めて下痢のような糞をしてから、自分の体を枝などに糸で固定する。この時期から徐々に変態が進行していく。見た目は動かないアオムシ、しかし中では変態が起こっている。この時期を「前蛹」と呼ぶ。

このように、変態は蛹だけで起こっているわけではないのだ。前蛹の後、2日から3日で蛹に脱皮し、さらに10日ほどすると蝶へと羽化する。アゲハチョウでは、変態に2週間近くも時間をかけている。

「変態の時に、昆虫の中では何が起こっているの？　中はどろどろ？」といった質問をされることが多い。体の中にはさまざまな組織があるが、幼虫の組織が死んで成虫の組織に切り替わるもの、新たに成虫の組織が生じるもの、変態しないものなど、その変化は一様ではない。例えば、翅は大きく成長し、鱗粉ができて色がつく。肢は、幼虫の肢の一部の細胞から成虫の肢ができる。ハエなどでは、ほとんどの成虫の組織は、幼虫の時期に予め準備しておいた成虫原基（せいちゅうげんき）（成虫用の細胞の

84

第四章　昆虫の擬態はなぜ緻密なのか

塊）から生じる。同じ完全変態昆虫でも、変態のやり方には多少違いがある。

脱皮と変態の違い

このように、変態は興味深い現象なので、擬態と同様、多くの研究者が興味をもって研究してきた。筆者の研究室のキャッチフレーズ「擬態・変態・染色体」にも、両方を使わせてもらっている。不思議なのは、幼虫脱皮（幼虫から幼虫になる脱皮）と変態（蛹や成虫への脱皮）の違いがなぜ生じるのかという点だ。

この現象の解明に大きな貢献をした日本人研究者がいる。福田宗一博士である。昭和初期に東京大学理学部から片倉紡績という会社に入社し、カイコを使った基礎研究を進めた異色の研究者である。

福田博士は、カイコの幼虫に寄生するカイコノウジバエという小さなハエの蛹が、カイコの繭から頭だけ出しているのを見つけた。頭と胸の間をちょうど糸で縛ったような状態で、不思議なことに頭から上は蛹、下は幼虫のままになっていた。これにより、頭部から変態を引き起こす物質が分泌されたため、縛られた上部は変態したが、下部は変態しなかったと推測した。ちなみに、この現象から、糸で縛ってホルモンの作用などを調べる「結紮実験」という手法が編み出された。

その後、福田博士はカイコを用いて、最終的には脳の傍にある前胸腺という小さな組織から変

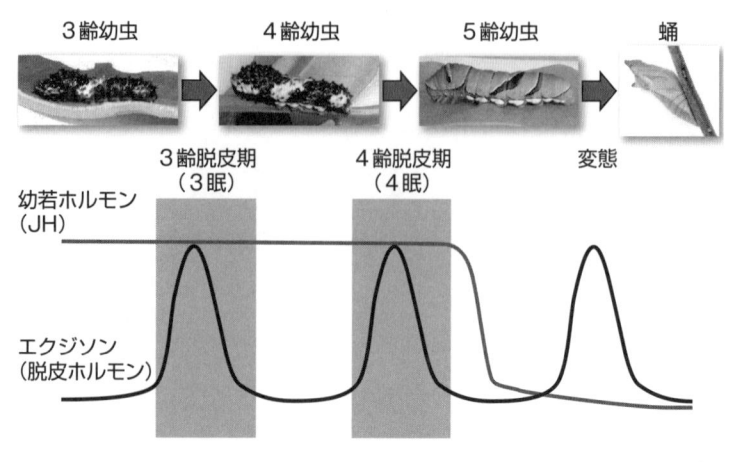

図10 アゲハの脱皮・変態とホルモンの関係

態を引き起こすホルモンが分泌されていることを発見した。このホルモンは、ドイツのブテナント（1939年に性ステロイドホルモンの研究でノーベル化学賞を受賞）によってステロイドホルモンの一種であることがわかり、エクジソン（エクダイソン）と命名された。このホルモンは脱皮ホルモンとも呼ばれ、じつは変態だけでなく脱皮も引き起こす。エクジソンの濃度が体内で急速に高まると、さまざまな組織で成虫になるように遺伝子の発現が制御されるようになるのだ。

では、「脱皮と変態の違いはなぜ生じるのか？」というと、エクジソンの作用に拮抗する幼若ホルモン（Juvenile Hormone, JH）が、この違いを制御していると言われている。幼若ホルモンは脂質（テルペン）の一種で、昆虫などだけに見られるホルモンである。その名に惹かれて、人間でも試そうなどとは考えないでほしい。

第四章　昆虫の擬態はなぜ緻密なのか

幼虫の時期には、幼若ホルモンが比較的高い濃度で保たれていて、そこでエクジソンの濃度が高まると幼虫へと脱皮するように仕向けられる。

一方、前蛹（蛹になる前の状態）の時期になると、幼若ホルモンの濃度は低下し、エクジソンの濃度が高まり、変態が進行すると考えられる（図10）。

■昆虫の紋様はなぜ緻密なのか

少し前置きが長くなったが、「昆虫体表の紋様はなぜ緻密であるか」に話を戻そう。

昆虫は、クチクラタンパク質と同時に色素も作ってクチクラに分泌している（ただし、色素によっては真皮細胞や体液に色素の一部が残る場合もある）。そして、脊椎動物ではわずかな色素細胞だけが色素を作るのに対して、昆虫では体表にある真皮細胞のすべてが色素細胞として働くことができる。昆虫体表での個々の「色の大きさ」は細胞そのものであるのに対して、脊椎動物では、まばらな細胞に色がついている状態ということである。

ジョルジュ・スーラ（1859年〜1891年）という19世紀のフランスの画家が、鮮やかなこの色の絵具をキャンバスに点描して人物や風景を描いているが、昆虫の体表の紋様はまさしくこのような方法で描かれている。1個1個の細胞が点描画の点なのである。昆虫の真皮細胞は赤、黒、黄、青といったさまざまな色の絵具を使って、微細な点描画を描いている（図11）。

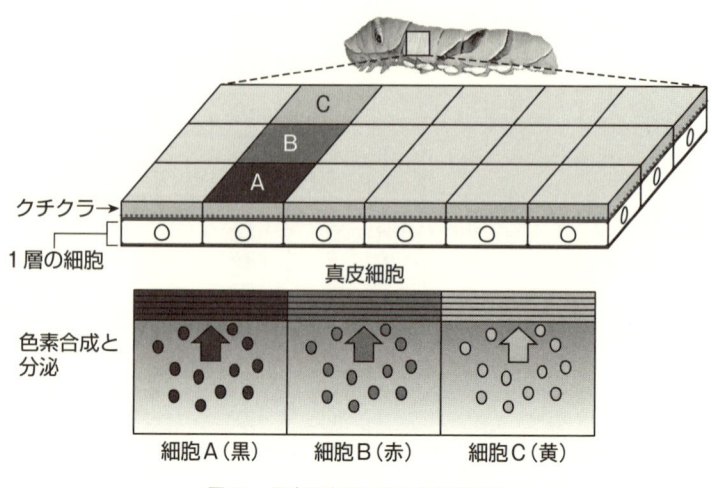

図11 昆虫の表皮における色素合成

では、昆虫の真皮細胞ではどのように色が作られているのだろうか？

例えば、黒い絵具としてのメラニン（脊椎動物のユーメラニンとほぼ同じ構造）は、アミノ酸（フェニルアラニンもしくはチロシン）を元に作られる。アミノ酸はすべての細胞にとって必要な物質なので、開放された血管系（毛細血管がなく、動脈を通過した血液が組織間に流れ出す血管系）によって体中に送られている。真皮細胞は、体液からアミノ酸や比較的小さな分子を材料として取り込み、タンパク質を始め、さまざまな物質を作っている。

しかし、ある特定の真皮細胞だけが「色のついた点」を描くメカニズムについては、よくわかっていなかった。そこで筆者らは、黒いクチクラを作る細胞（つまり、メラニンを作る細胞）に関して2つの仮説を立て、実験で確かめることにした。

88

第四章　昆虫の擬態はなぜ緻密なのか

仮説①：材料となるアミノ酸を取り込んだ真皮細胞だけがメラニンを作る

仮説②：アミノ酸はすべての細胞に取り込まれるが、メラニンに変換していく酵素が存在する細胞だけがメラニンを作る

というものだ。

生物学では、ある特定の事象が起こることに対して「特異的」という言葉をよく使うが、①は材料の調達が特異的か、②は材料から製品への変換が特異的か、ということである。

仮説を検証する点描の場所としては、アゲハの終齢幼虫の目玉模様の部分にした。この「目玉」はわずか数ミリの大きさだが、黒目の片側に赤い三角形が見え、真ん中に蛇の虹彩のような白い横線が入っている。さらに、紋様の周りは緑色だが、目玉の周囲は細い黒線で縁取られ、体の左右にある目玉を不思議な黒線が結ぶという、とても不思議な形をしている（口絵16）。人間の手では描けないほど細かな線や色が入り組んだ複雑な形をしており、私たちの仮説を検証するにはもってこいの紋様である。

では、どうやってメラニンが作られているのかを確かめるのかというと、紋様の真皮細胞の黒線や領域でのフェニルアラニンからメラニンへ変換する酵素群（メラニン合成酵素）の「発現（遺伝子からRNAやタンパク質ができること）」に着目した。高校の生物学の知識になるが、DNA上のそれぞれの酵素の遺伝子の情報を元にRNA（正確にはメッセンジャーRNA：mRNA）

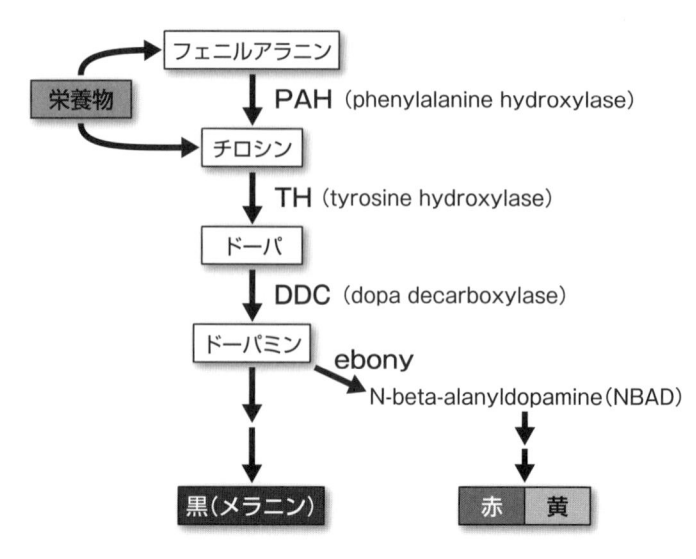

```
栄養物 → フェニルアラニン
         ↓ PAH (phenylalanine hydroxylase)
栄養物 → チロシン
         ↓ TH (tyrosine hydroxylase)
         ドーパ
         ↓ DDC (dopa decarboxylase)
         ドーパミン → ebony
         ↓           N-beta-alanyldopamine (NBAD)
         ↓           ↓
         黒(メラニン)  赤 黄
```

図12 メラニン合成酵素は黒と赤(黄)色の形成に関わる

ができ、さらにそのRNAからタンパク質(つまり酵素)ができる。

もし、色に関わらずどの細胞でもメラニン合成酵素が発現していれば、おそらく材料の取り込みの段階で選別される、仮説①が正しいと考えられる。一方、黒いクチクラの細胞だけでメラニン合成酵素が発現していれば、仮説②が正しいと考えたのである。

メラニンが作られる過程は、大体はわかっており、フェニルアラニン → チロシン → ドーパ → ドーパミンが順次作られ、最後にドーパミンが結合しあってメラニンができる。そして、それぞれの変換ステップで、フェニルアラニン → チロシンにはPAH、チロシン → ドーパにはTH、ドーパ → ドーパミンにはDDCという酵素が関わっている(図12)。

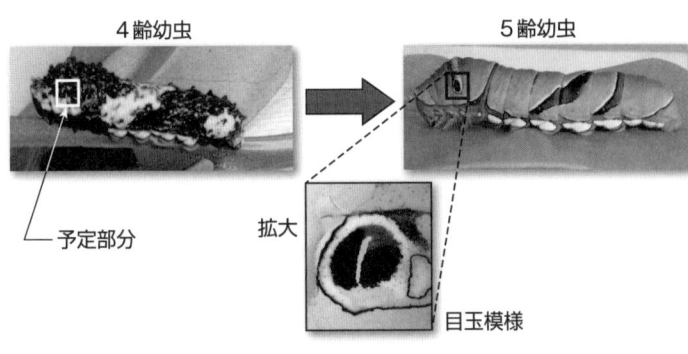

第四章　昆虫の擬態はなぜ緻密なのか

4齢幼虫　　　　　　　　　　5齢幼虫

予定部分　　　　　　拡大

目玉模様

図13　アゲハの4齢幼虫から5齢幼虫への紋様の変化

そこで、これらの酵素の遺伝子がRNAとなって発現しているかどうかを、4齢脱皮期の目玉模様で調べてみた（図13）。この時期には新しいクチクラにまだ紋様は見えてないが、5齢幼虫になると目玉模様が生じると予想される領域を実験に使った。

その結果、PAHはどの真皮細胞でも発現していた。一方、THとDDCは黒い線や黒い領域の細胞でのみ発現しているが、緑色の領域では全く発現していなかった。この結果は、仮説②が正しいことを意味する。

すなわち、フェニルアラニンやチロシンといった材料はどの細胞にもあるが、それをメラニンへと変換するTHやDDCといった酵素が発現して初めて、黒い領域が生じるのである。細い線を裏打ちするわずかな細胞で、非常に正確にTHとDDCが発現しており、領域の指定が極めて厳密に制御されていることに感動した。

一方、目玉模様の赤い領域でもTHとDDCは発現していた。

91

この結果から赤色は、ドーパミンから作られるNBADという物質を経由して作られているのではないかと疑った。そこで、この過程（ドーパミン→NBAD）を担当するebonyという酵素の遺伝子を調べてみると、赤い領域だけで発現しており、赤色もメラニン合成系から派生した色素だということがわかった。

ここで重要なのは、酵素の遺伝子群が発現した後に、色が生じることである。RNAからタンパク質（つまり酵素）になり、さらにその酵素がメラニン合成を進めるにもある程度時間がかかってしまう。では、わずか1日ほどの脱皮期の間に、どうやって新しい皮膚だけに色をつけるのだろう？

THやDDCの発現を調節しているのは、じつはエクジソンである。クチクラタンパク質と同様に、エクジソンはTH、DDC、ebonyが発現するように指令を出しているので、新しいクチクラができるのと同時に色もつくと考えられる。

■鱗粉は紋様に関係しているのか

この章の最後に、緻密な紋様の一例として蝶の翅について見てみよう。

蝶や蛾は、鱗翅目と言われる。鱗（うろこ）のような鱗粉（片）が翅を覆った特徴をもつ昆虫グループだからだ。蝶を捕まえて翅をもっと鱗粉が手についてしまい、標本にするとしたら台無しである。

第四章　昆虫の擬態はなぜ緻密なのか

すぐに翅から落ちてしまう鱗粉も、翅の真皮細胞（鱗粉細胞と呼ぶ）から分泌されて生じるクチクラの一種である。したがって、鱗粉1枚は1個の細胞に由来し、鱗粉1枚1枚の色は決まっている。蝶の翅にカラフルな紋様が現れるのも、基本的には幼虫の皮膚の紋様と同じである。

ただし、翅の細胞は蝶になると死んでしまう。アオスジアゲハのように鱗粉のない場所に色がつくものもいるが、多くは鱗粉の色で翅の紋様ができている。翅の表と裏に1層の真皮細胞があるので、翅の表裏で紋様が違う蝶も珍しくない。

したがって、翅を急に開くと目玉模様が表れて、捕食者を威嚇するといった効果も期待できる。コノハチョウは翅を閉じている時には木の葉そっくりな裏側の紋様だけが見えるが、翅を広げて飛ぶ時は、表側の翅は青地に黄色の帯状の派手な紋様を見せる（口絵2）。

ウォレスは自著『熱帯の自然』（矢田・新妻訳、平河出版）でコノハチョウの挿絵を使って、次のようにこのことを紹介している。

「コノハチョウは翅を拡げて飛んでいればよく目立つが、翅を閉じて休んでいると木の葉そっくりでなかなか見つからない」

第五章 アゲハチョウに見る擬態の不思議

【1】変化するアゲハチョウの幼虫の擬態

■アゲハチョウの特徴

アゲハチョウは日本人に馴染みのある蝶である。一番よく見かけるのはいわゆる「ナミアゲハ (*Papilio xuthus*)」であろう（口絵19）。マンションのベランダに蜜柑や金柑など柑橘系の植木を置いているためか、東京都心などでも見かけることが多い。

小学校で飼育する昆虫といえば、かつては「蚕」と相場が決まっていたが、家の周りから養蚕農家がほぼなくなり、教科書からも蚕の文字がほとんど消えてしまった現在は、蝶の方が一般的だ。東京の中心部に近い息子の小学校でも、低学年の時にナミアゲハを飼育していたのを思い出す。

筆者が子供の頃は、家が神戸の郊外にあったせいかもしれないが、アゲハチョウよりはモンシロチョウの方が圧倒的に多かった。ところが、最近ではモンシロチョウが目に見えて減ったと感じる。戦後は日本全国に原っぱや畑がいたる所にあり、モンシロチョウが育つために必要なアブラナ科の植物が多かったのが、いまやそのような空き地も都市部では少なくなってしまったからなのだろうか。筆者は残念ながら、幼少の頃より「虫」に熱中したわけではなかった。その理由

第五章　アゲハチョウに見る擬態の不思議

は、家の周りにそれほど目立つ昆虫がいなかったせいかもしれない。モンシロチョウ、アブラゼミ、ショウリョウバッタといったありふれた昆虫では、虫屋になろうにもなる意欲がわかなかったのである。無論、アゲハ、カブトムシ、クワガタといったもっと魅力的な昆虫は周りにいたはずなのだが、なぜか幼少の頃の記憶に残るシーンで登場することはほとんどない。

ナミアゲハの次に日本人がよく知っているアゲハは、多分キアゲハ（*Papilio machaon*）であろう（口絵20）。キアゲハはナミアゲハと違って、パセリ、人参、アシタバといった植物の葉を食べる。都会にも家庭菜園が多くなったので、卵を産みにやってくる。ナミアゲハとキアゲハは比較的近縁な種であるため、交雑種をハンドペアリング（人間が手で上手に交尾をさせる方法）で生ませることができるらしい。ただ、筆者の研究室ではあまり成功したためしがなく、それは名人芸に近い技だ。

都心でもよく見かけるものとして、黒地に青緑のストライプ紋様が目立つ蝶がいる。アオスジアゲハだ。アオスジアゲハのこの青い部分には鱗粉がなく、そのせいもあってか鮮やかな色に目をひきつけられる。この蝶の幼虫はクスノキの葉を食べるので、楠の大木が多い東京都心でやはり多く見かける。

これらの蝶は、皆「アゲハ」という名前がついているので、アゲハチョウの一種といえるが、もう少し厳密にいうと、ナミアゲハとキアゲハはアゲハチョウ科アゲハチョウ亜科アゲハチョウ

族アゲハチョウ属（Papilio）の蝶だ。一方、アオスジアゲハはアゲハチョウ亜科までは一緒だが、アオスジアゲハ族アオスジアゲハ属に属する蝶で、系統的にはかなり離れている。

日本では一般に、アゲハチョウ亜科の蝶を「アゲハチョウ」と呼ぶことが多いようだが、アゲハチョウ亜科には、アゲハチョウ族、アオスジアゲハ族、ジャコウアゲハ族の3つがあって、アゲハと名前がつかない蝶もいる。例えば、中南米などに多い「タイマイ」と呼ばれる蝶は、アオスジアゲハ族に属する。日本人に馴染み深いのはアゲハチョウ族の中のアゲハ属の蝶で、Papilioという属名がついている。Papilio属の蝶は、日本には10〜11種生息している。なぜはっきりした数にならないのかというと、日本には本来いなかった蝶（台風などで入ってきた迷蝶）などを含んだ場合もあるからだ。

本書では何度か出てくるので、種名の表し方を少し説明しておくと、属の名前と個別の種の名前（種小名という）の2つで表記する。例えば、ナミアゲハはPapilio xuthus、キアゲハはPapilio machaonといった具合である。ちなみにアゲハチョウは「揚羽蝶」と書き、翅を揚げて止まることからつけられた。

■蝶の翅はいつ頃からできるのか？

アゲハチョウは、英語では全般にswallowtail butterflyと呼ばれている。swallowtailは文字通

98

第五章　アゲハチョウに見る擬態の不思議

り「ツバメの尾または燕尾服」で、アゲハチョウの後翅には長く伸びた突起のような形の構造（尾状突起）があることからつけられた。

ただ図鑑を見てみると、すべてのアゲハチョウの翅に尾状突起があるわけではなさそうだ。*Papilio* の名前のついた蝶、つまり *Papilio* 属では大体は尾状突起があるが、日本にいるナガサキアゲハ（*Papilio memnon*）には「尾」がない。台湾には「尾」のあるナガサキアゲハもいるので、地域による差も大きい。

アゲハチョウ科全体で見ると、「尾」がないものもそれほど珍しくない。尾上突起は飛翔を安定化させるためにあるとも見えなくはないが、「尾」がないアゲハチョウも多いので、飛ぶために何か重要な働きをしているようには思えない。

尾状突起がどうやって生じるのかを研究していたことがある。蝶の翅は、幼虫、蛹の時期にはどうなっているのか興味があったのだ。幼虫の時期には、翅は小さな細胞の塊（翅原基と呼ぶ）として体内に「格納」されている（図14）。イモムシが葉の間の小さな隙間を動き回って葉っぱを食べるのに、翅は邪魔者でしかないのだろう。

蝶の翅は全部で4枚あるので、この小さな組織は、胸部の2つの体節に左右1個ずつ存在する。少しかわいそうだが、カミソリで幼虫の皮膚を正確な位置でほんのわずか切ると、透明な翅原基が飛び出てくる。終齢幼虫でもその大きさは2〜3ミリといったところかもしれない。これが、

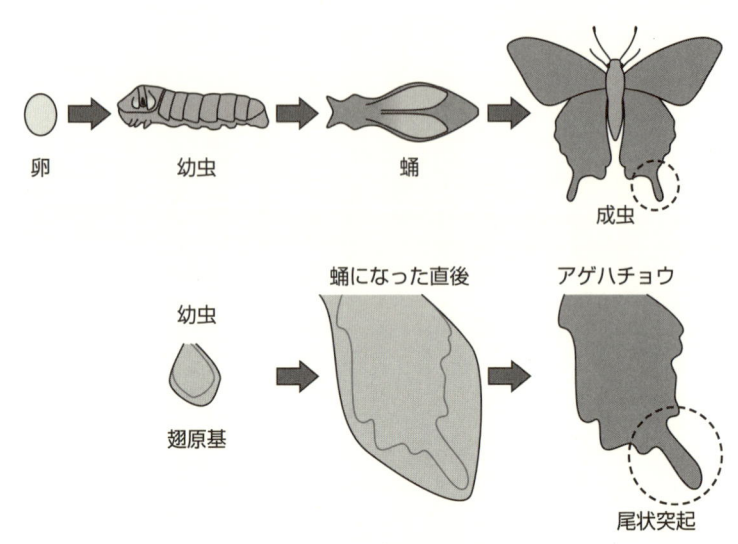

図14　蝶における翅の発生

成虫になると5〜6センチもの翅になるのは驚きだ。

幼虫が餌を食べるのを止めて、蛹になる前の準備期間（前蛹）に入ると翅原基は急速に成長し、胸の内部で広がっていく。そして蛹に脱皮した直後には蝶の翅にかなり近い形になる。しかしこの時点では、翅には鱗粉もなく、色もついていないし、尾状突起も見当たらない。ただ、よく見てみると透明の翅の淵に沿って溝のような線が見えていて、成虫の後翅のような形に見える。つまり、この内側の線には尾状突起がちゃんと存在しているのだ。

蛹の初期にはこの溝の外側にも細胞はあるが、時間が経過すると外側の部分の細胞が死に、成虫の翅の形が完成するようになる。ちょうど、寄席で見られる「紙切り芸」のように要らない

第五章　アゲハチョウに見る擬態の不思議

所を切り取って取り除くような感じだ。なぜ、このような面倒なことをするのだろうか？　最近では家庭で食品を冷凍する際に、ビニール袋の端を熱で閉じるようなシーラーを使われている読者もおられるだろう。これと同じように（もちろん電気や熱は使わないが）、翅の2枚の細胞シートを縁取りするように閉じて、翅の袋を作っているのだ。蛹から蝶に羽化する時に、翅が蛹の体内に収まっていた時よりも何倍にも大きくなるのは、この袋に体液を送り込んで風船のように膨らませているのである。

■鳥の糞に擬態?!　ナミアゲハの華麗なる変身

筆者が擬態の研究をしようと思い立ったのは、約30年前、大学院を卒業する前後だった。ランの花に似たハナカマキリや葉っぱに似たさまざまな昆虫がいるのはもちろん知っていたが、ある南米の写真集に載っていた、アゲハチョウの幼虫の写真に釘付けになったのだ。黒、白、卵の白身のように透明な淡黄色といった色が見事に配色された幼虫が、ヌメッとした質感まで正確に再現した排泄直後の鳥の糞のように見えたのである（口絵21）。

何かの生物に似せるということはあっても、無生物である「鳥の糞」に似せるという生存戦略があるというのは、正直驚きだった。7年ほど前に研究室の二橋亮君との共著論文がサイエン

101

ス誌に載った時にも、論文の内容よりもナミアゲハの幼虫が鳥の糞に似せているということが着目され、世界中のマスメディアから「元の写真を送ってくれ」と問い合わせが殺到したことを思い出す。

つまり、鳥の糞に似せる擬態は、筆者以外の人々にとっても驚きだったのである。研究者を長くやっていると、自分が興味をもっていることを、必ずしも他の人も興味をもつとは限らないことを山のように知らされてきたので、世間の反応を見て「これは面白い現象だ」と確信がもてたのだ。ただし、論文の中身をちゃんと読んでくれていないような気がして、少々不満だったのだが。

鳥の糞に擬態するなんて例外的なことだろうと、海野和男氏の写真集『昆虫の擬態』（平凡社）を見ると、幼虫に限らず、クロオビシロフタオといった蛾や、ツノゼミ、アズキゾウムシ、ハムシ（名前がムシクソハムシ‥鳥の糞ではなくイモムシなどの糞に擬態しているようだ）といった類のさまざまな昆虫が、鳥の糞に擬態する戦略をとっていることがわかる。白と黒のマダラ模様は鳥の糞に偽装するのにふさわしく、昆虫全般に広く使われている「定番の擬態」なのである。

しかし、鳥の糞に擬態するにあたっては「サイズ」という制約がある。ムシクソハムシのように虫の糞に擬態している場合は、ある程度小さくても糞に見えるだろう。ただ、大きな昆虫は「鳥の糞」にはなれないのである。そのようなサイズの鳥の糞は存在しないからだ。アゲハチョウ族の幼虫の多くは、若齢（脱皮を1〜3回しかしていない小さな幼虫）の時には鳥の糞に擬態して

第五章　アゲハチョウに見る擬態の不思議

いるが、終齢幼虫（最後の脱皮をした幼虫で、アゲハでは4回脱皮した5齢幼虫）になると完全に紋様が切り替わる。昆虫が鳥の糞に似せるのは、周囲の環境に溶け込むための隠蔽型の擬態なのか、捕食者に対して糞であることを知らしめるための標識的な擬態なのかはよくわからない。いずれにせよ、ナミアゲハの終齢幼虫は5〜6センチほどにもなり、その大きさから見て鳥の糞には見えず、不自然に目立ってしまうことになる。そこで、ナミアゲハは幼虫最後の脱皮をする際に、鳥の糞型の紋様ではなく、自分の食草である柑橘類や山椒(さんしょう)の葉に似せた緑色がかった紋様の体表（クチクラ）に作り変えるようになったと想像される（口絵22）。

興味深いことに、進化的に古いアゲハチョウ族では、紋様を途中で切り替えることなく、終生「鳥の糞」型をしている。この事実は、アゲハ幼虫は本来鳥の糞型だったのが、捕食者をより巧妙にだますために、自分の食草に切り替わるようなシステムが進化の途中で導入されたことを示唆する。

■食べる草によって変わるアゲハチョウの幼虫の擬態

ナミアゲハの終齢幼虫は柑橘系の葉に変身するが、パセリや人参、セリ科の植物を食べているキアゲハの幼虫はどうなるのだろう？

キアゲハの若齢幼虫は、やはり鳥の糞に擬態しているが、4齢幼虫になるとナミアゲハとは全

く異なる紋様に切り替わる。緑色の各体節に黒い縞模様、さらには複数の黄色いスポットが際立って見える(口絵23)。このようなキアゲハの幼虫紋様は、これまで捕食者を脅かすための警告色(第五章【3】で解説)と言われていた。

たしかに、セリ科の植物は独特の香りがあるので捕食者は嫌がる可能性もあるが、相手を驚かすための標識的なシグナルかどうかは明確にはわかっていない。アゲハチョウ属(Papilio 属:世界には200種以上いるとされる)では柑橘系の葉を食べる幼虫がほとんどで、その終齢紋様はほぼ例外なく柑橘系の葉に似ているが、キアゲハタイプの紋様をもつ幼虫も少なからずいるのだ。

最近、カナダの研究チームがこのことに関して面白い報告をしている。研究チームは、キアゲハのような紋様が、アゲハチョウ属では系統的に離れた蝶に断続的に見られることを見つけた。つまり、キアゲハに系統的に近い一群の蝶の幼虫だけに見られるのではなく、キアゲハタイプの幼虫紋様は進化上少なくとも4回は独立に現れた可能性が高いという。興味深いのは、これらの幼虫が食べるのは細い葉のハーブ類に限られていることだ。ナミアゲハとキアゲハでは、このように食草が異なり、そのキアゲハタイプの幼虫紋様は、食草の細い葉に紛れるものとして主に進化してきたと思われる。キアゲハタイプの幼虫紋様は、食草の細い葉に紛れるものとして主に進化してきたと思われる。ナミアゲハとキアゲハでは、このように食草が異なり、それに隠蔽する紋様も異なり、さらには母親が卵を産み付ける食草(当然、それぞれ幼虫が食べる柑橘系とセリ科などの植物)も異なっているわけである。

第五章　アゲハチョウに見る擬態の不思議

近縁種である2種類のアゲハチョウがこのような3つの性質を切り替えることができたのは、筆者にとっては大きな驚きであり、また是非探ってみたい進化上の謎である。

■幼虫紋様切り替えの謎に迫る

第四章でも述べたように、幼虫の紋様を作るのは脱皮の時である。アゲハの幼虫が幼い頃は、鳥の糞型から鳥の糞型へ同じ紋様を脱皮のたびに作っているのに、幼虫の最後の脱皮で全く異なる紋様を作れるのはどのようなしくみによるのだろう？　10年ほど前、当時大学院生だった二橋亮君が、この謎について面白い実験を行った。

脱皮は、エクジソンと幼若ホルモン（JH）によって制御されていることは古くから知られている。エクジソンを幼虫に注射すると、1日ほどで次の齢へ「強制的に」脱皮させることができる。ナミアゲハの4齢幼虫は5日ほどで5齢に脱皮するが、その途中でこの処理を行ってみると、4齢初期では「鳥の糞」に近い紋様になるのに、5齢に近い時期では「柑橘系の葉」に近い紋様になった。4齢の途中で「紋様の運命」を決める何かの濃度が変化しているという風にしか考えられなかった。

JHはエクジソンの働きを「修飾」しているとされるが、その実体はまだよくわかっていない。ただエクジソンの強制脱皮の実験結果から、JHが紋様の運命を担っているのではないかと考え、

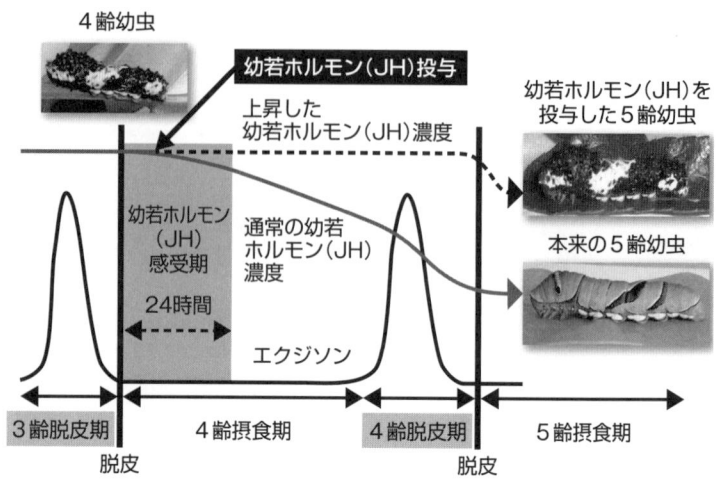

図15 幼若ホルモン（JH）によるアゲハ紋様の制御

JHを4齢幼虫に塗ってみたのである（JHは皮膚を透過しやすいので体内に入る）。すると、驚いたことに、脱皮した幼虫は柑橘系の葉になるところが、鳥の糞型の5齢幼虫が出現したのである。JHを塗るタイミングは4齢になってから1日以内でなければ効果がなく、それ以降に塗っても鳥の糞型終齢幼虫は出現しなかった。

4齢の幼虫でのJHの濃度を測ってみると、4齢になってから急速に低下し、1日過ぎると半分程度に減っていた。体内のJH濃度が減少するということが、「紋様の運命」を担っていたのである。したがって、JH濃度が十分に下がりきると柑橘系の葉に衣替えできるのだが、その途中でJHを塗ってしまうとJH濃度が下がらずに紋様の切り替えができなくなったと考えられる（図15）。

ここでよく考えてみると、アゲハチョウの祖先に

第五章　アゲハチョウに見る擬態の不思議

近いグループは紋様を切り替えずに、ずっと鳥の糞型の幼虫のままだ。これらのアゲハチョウは日本にはまだ生息していないのですぐには調べられないが、ひょっとしたらJHを利用した紋様制御システムがまだ導入されていないのかもしれない。

鳥の糞型しかもたなかった祖先型のアゲハチョウが、自分の食草に似せるという新たな隠蔽型擬態を獲得した背景には、JHというホルモンの働きをうまく利用するという類稀なるチャンスがあったのかもしれない。

紋様切り替えの謎は、解かれたというよりも、新たな謎が増えたというべきかもしれない。JHの濃度が低下することと、幼虫紋様の運命はどのような関係にあるのか？ JHの濃度はどのようにして低下するのか？ キアゲハでは4齢の時に紋様が変化するが、JH濃度は3齢幼虫の時に低下するのか？ 鳥の糞型の紋様、柑橘系の葉の紋様、キアゲハタイプの紋様は、一体いつ、どのようにして誕生したのか？ などの疑問には、残念ながらまだ答えられない。

ただ、最後の疑問に関しては、それぞれの紋様の形作りにどのような遺伝子が関与しているかがある程度わかってきた。これについて少し紹介しよう。

■遺伝子があやつる紋様形成

ナミアゲハの鳥の糞型の幼虫をよく観察してみると、単純な白黒模様をしているわけではなく、

107

蛇の目玉と牙の紋様

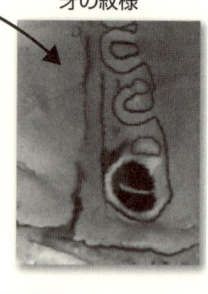

図16　アゲハの終齢幼虫に見られる目玉と牙の紋様

イボのような突起がいたる所に突き出ている。鳥が食べた未消化の穀類が排泄されたところを模しているのではないかと想像している。個体ごとにわずかな違いはあるが、白と黒の領域は厳密に決まっているようだ。温度、日長といった飼育条件を変えても紋様の形や色が変化するわけではなく、これらの領域は遺伝的（遺伝子の働きにより）に決められていると考えられる。

一方、終齢幼虫の色合いは確かに柑橘系の葉のようではあるが、形は細長く、細部を見るとさまざまな紋様が描かれていて、単なる葉っぱという感じではない。途中に濃い緑色の部分が何個所かあり、何やら柑橘系の細い枝か棘のようにも見えなくもない。頭のように見える（実際には胸の一部）膨らんだ部分には、目玉模様が描かれている。黒い目玉模様の中には赤い部分があり、さらには中央部を白い線が横切って、蛇の目の虹彩のようにも見える（図16、口絵16）。

108

第五章　アゲハチョウに見る擬態の不思議

特に奇妙なのは、体節の両サイドにある目玉を結ぶ、不思議な曲がりくねった線である。その中には小さな白い部分が並んでいて、牙のように見える。アゲハ幼虫を正面から襲おうとしている小動物にとって、これらの紋様は蛇のように見えるのではないかと思う。

一方、キアゲハの終齢幼虫にはこのような目玉模様がない。これは不思議である。キアゲハでは、黒い縞に黄色のスポット紋様が警告色的役割を果たしているので、捕食者を蛇のような紋様で脅かす必要がないのだろうか？

さて、ここで後の内容をよく理解していただくために、遺伝子に関する基礎知識を少し説明したい。

高等動物のゲノムには２万個近い遺伝子が存在する。エネルギーの利用や物質の代謝など細胞を維持する遺伝子以外に、個々の細胞の機能を担うための遺伝子が存在している。例えば、肝細胞と神経細胞では共通に使われる遺伝子もあるが、前者では肝機能、後者では神経伝達のために特化した遺伝子が働いている。ただ、両者の細胞ではゲノムの情報、つまり含まれている遺伝子の情報は全く同じである。なぜ細胞ごとに違いが生じるのだろう？

細胞では、それぞれの遺伝子からRNAができ、さらにタンパク質が作られて機能するようになる。遺伝子からRNAができ、タンパク質ができることを「発現」という言い方をするので、覚えておいてほしい。細胞ごとに違いが生じるのは、発現の仕方に違いがあるからだ。つまり、

ある細胞ではA遺伝子が発現してタンパク質になるが、別の細胞では発現しないといった具合である。ある遺伝子を発現させたり、させなかったりする情報は、ゲノムの遺伝子以外の部分に書き込まれているか、他の遺伝子のタンパク質の働きに依存している。

アゲハのゲノムには、当然、不思議な紋様や色を作り出すための遺伝子と情報がすべて含まれているはずだ。紋様や色を作り出す遺伝子のほとんどは、体表の細胞（真皮細胞：第四章参照）で発現する。例えば、鳥の糞型幼虫の黒い領域の真皮細胞ではメラニン（私たちの髪の毛を黒くするのと大体は似ている）を作るための遺伝子（群）がせっせと発現しているが、白い細胞ではほとんど発現していない。つまり、同じ真皮細胞でも場所が異なったり、時間が違ったりすると発現する遺伝子の種類は変わるのである。

したがって、4齢幼虫の鳥の糞紋様を作る3回目の脱皮の時に、真皮細胞でどのような遺伝子が発現しているかがわかれば、鳥の糞紋様を作るプログラムを理解することが可能となり、なぜこのような紋様が進化してきたのかを探る手がかりが得られるかもしれない。

ある細胞で発現しているRNAの種類がすべてわかればよい（例えていうならば、RNAのカタログができればよい）のだが、じつはこのような方法は既に存在する。大量のDNAやRNAの塩基配列を高速に解読する機械（次世代シーケンサーと呼ばれる）の性能がこの数年で飛躍的に高まったため、細胞内で発現しているRNAを網羅的に調べるRNA-seq（研究者はアー

110

第五章　アゲハチョウに見る擬態の不思議

ルエヌエーセックなどと呼ぶ)という、RNAのカタログを作る方法が開発されたのである。ただ、真皮細胞で発現しているRNAの種類がすべてわかっても、紋様形成に関わった遺伝子から生じたのか、細胞を維持するために働いている遺伝子から生じたのかが分類できないとあまり意味がない。

ではどうするか？　比較すればよいのである。白と黒の領域で比較すれば、それぞれの色に関わる遺伝子のRNAの発現量に違いがあるはずだ。脱皮する時と脱皮する前の皮膚を比較すれば、脱皮する際に働いている遺伝子のRNAがわかるはずである。

私たちが研究を開始した10年ほど前には、RNA-seqのようなよい方法が開発されていなかったので少し労力がかかり、感度が悪いやり方で、まず3回目の脱皮と4回目の脱皮の真皮細胞を比較することにした。3回目の脱皮は鳥の糞型の4齢幼虫をつくるのに対して、4回目の脱皮は柑橘葉型の5齢幼虫をつくる。両者のRNAのカタログを比較すると、3回目の脱皮の時だけ発現しているRNA(遺伝子)と、4回目の脱皮の時だけ発現しているRNA(遺伝子)が見つかった。

これらの中で興味深いと思われたものが、2種類あった。1つは3回目の脱皮の時だけに見られる遺伝子群で、糞型幼虫のイボ状の突起の根元だけで発現していることがわかった。どうやら、イボを作る遺伝子は1種類ではなく、少なくとも10種類以上ある。なぜこれだけたくさんの種類

111

の遺伝子が必要なのかはよくわからないが、イボを作る遺伝子というのはこれまでにない発見だ。この遺伝子群は当然、若齢幼虫で鳥の糞に見せる時にだけ機能するようになっている。おそらくクチクラを構成するタンパク質を作っていると思われるが、正確な働きはまだわからない。

一方、4回目の脱皮の時だけに見られる遺伝子で面白いと思われたのは、目玉模様の黒や目玉をつなぐ不思議な線（蛇の牙に似せていると思っている）では全く発現が見られない遺伝子である。「蛇の牙」紋様は本当に細い線で、細胞数個分の幅しかないように思えるが、その線を避けるようにして発現しているのである。この遺伝子は、発現個所が緑色領域に限られていたのである。

■ 油絵を描くように、浮世絵を摺(す)るように

緑色の領域でのみ発現しているので緑色の遺伝子かとも考えられたが、そのような遺伝子は今まで知られていなかったので、緑色領域で発現しているものは他にないかを調べることにした。その結果、いくつかの遺伝子が緑色領域だけで発現していることがわかった。その中には、青色の色素に結合しているタンパク質として、以前から知られていた遺伝子に似たものが含まれていた。この遺伝子を簡略のために、青色遺伝子とする。

さらに、昆虫には、植物から黄色（あるいは赤色）のカロテノイドという色素に結合するタン

112

第五章　アゲハチョウに見る擬態の不思議

パク質が存在することが知られており、RNAのカタログから見つけた上述の遺伝子は、この黄色遺伝子に近いものと考えられた。なぜ青色と黄色の絵具の遺伝子が複数ずつ発現しているのかはまだよくわからないが、緑色領域は青色と黄色を足し合わせてできていたのである。

緑色の動物といえばアマガエルやインコなどが思い浮かぶが、興味深いことにこれらにも「緑色」の色素があるわけではなく、青色と黄色を足し合わせて緑色ができている。インコには黄色いインコや青色のインコがいるが、それぞれ青色と黄色の色素がないか少ないために、そのような色のインコができるらしい。水彩画では色を重ね合わせると色がにじんでしまうが、まるで油絵で重ね塗りするように動物体表の緑色ができるのは面白い。

RNAのカタログから色に関係すると思われる遺伝子を片端から見つけて、その発現を調べてみたところ、少なくとも赤、青、黄、黒色の絵具があり、色のつけ方にもさまざまな工夫をしていることがわかった。いずれの色にも複数の遺伝子が関係している。

色の遺伝子の発現を調べるには、脱皮期の幼虫の体表を試験管の中に入れて、特定のRNAの配列を検出する操作をする。皮膚の一部が紫色に染まると、その場所で遺伝子が発現しているこ とがわかるという方法だ。調べた時期には皮膚の色は全くついていないので、絵具の遺伝子が発現すると、それに伴ってクチクラに色がつくようになることがわかる。

多くの絵具遺伝子のスイッチを押しているのは、どうやら、脱皮を進行させるホルモンのエク

113

ジソン（脱皮ホルモン）であるようだ。新しい真っ白いキャンバスが用意されると、やおら筆をもつように、エクジソンが次のクチクラの合成を指令すると同時に、お絵描きの準備も進めている。

アゲハチョウ幼虫の紋様を研究する醍醐味は、終齢幼虫の模様が種によって違うところである。例えば、ナミアゲハとシロオビアゲハは一見同じような紋様に見えるが、前者には目玉模様に赤い部分があるが、後者にはない。RNAのカタログで見つけたナミアゲハの赤い部分を作る遺伝子と同じ遺伝子がシロオビアゲハにも存在するのだが、目玉部分では発現していなかったのだ。つまり、絵具の種類はと、基本的にはどれも同じ遺伝子セットを持っていることがわかった。しかし、種によってその遺伝子の発現のさせ方が違うのである。

赤、青、黄、黒の遺伝子すべてをナミアゲハ、シロオビアゲハ、キアゲハの3種類で比較するのアゲハでも同じものを使っていると考えられる。

緑色や黒の領域のパターンも、ナミアゲハとキアゲハでは全く違う。ナミアゲハでは前述したように、全体は黄緑だが腹部にだけ深緑色の部分がある。黄緑部分では、青色と黄色遺伝子が発現しているのに対し、深緑部分では、青色、黄色、黒色遺伝子が発現していた。緑＋黒＝深緑というルールが新たに見つかったのに、なぜこのような複雑なことをやっているのだろう？色をつけるのに、なぜこのような複雑なことをやっているのだろう？（口絵23）。

114

第五章 アゲハチョウに見る擬態の不思議

私たちも絵を描く時に行うことだが、絵具の種類が限られている場合は、絵具を混ぜて新しい色を作る。明るい緑、黄緑、深緑など、昆虫が生息する場所にはさまざまな緑がある。それに近い色を作るには、色を重ねて表現するしかないのではないか？　絵具の混ぜる割合を変えるように、絵具遺伝子の発現量を変えれば、違う色合いを作り出すことができるのだろう。アマガエルやインコも、緑色の遺伝子ではなく青色遺伝子と黄色遺伝子を使うのは、それらが生息する環境の色にできるだけフィットした色を作り出すためなのかもしれない。

一方、ナミアゲハの幼虫は、重ね合わせる「技法」とは別に、色を重ね合わせない「技法」も使っていることがわかった。じつは、この方がより不思議な気がする。例えば、目玉模様の不思議な細い線は黒色遺伝子が発現してできるが、その場所では青色、黄色遺伝子は一切発現しないようになっている。その周りの緑色領域では、全く逆の発現パターンが見られる。緑色領域の上に黒い線を重ね塗りすればよいと思うのだが、そうはなっていない。

これと似たようなパターンは、キアゲハの幼虫にも見られる。各体節にある黒いストライプでは黒色遺伝子が発現しているが、黄色遺伝子や青色遺伝子は発現していない。黄色のスポットでは黄色遺伝子は発現しているが、青色遺伝子は発現していない。緑色領域では、黒色遺伝子は発現していないのである。さながら、個々の遺伝子がお互いの発現場所を知っていて、それを邪魔しないように発現しているようにも見える。色を重ね合わせないのは、色や線を明瞭にくっきり

と目立たせるためのように思える。まるで、浮世絵で決められた色数に応じて作った版木で、それぞれの色部分を摺っていくように、キアゲハの紋様はできているのである。

さて、大きな謎があるとすれば、一体誰がこれらの紋様をデザインしているのかという疑問である。浮世絵ならば浮世絵師が下絵を描き、彫り師や摺り師が版画を仕上げたわけだが、歌麿や北斎にあたる遺伝子があるのだろうか？　このような指令遺伝子は、それぞれの種で絵具遺伝子の発現の仕方を自由に変更し、種固有の幼虫紋様を作り出しているはずだ。たった1つの遺伝子なのか、複数の遺伝子が指令を出しているのか現時点ではわからない。

筆者は、エクジソンが怪しいと思っている。このホルモンは脱皮を進行させると同時に、メラニンなどの色素合成遺伝子も発現を制御しているからである。最近、ナミアゲハの目玉模様の黒色領域でも発現を進行させる遺伝子（これを仮に遺伝子Eとする）が、ナミアゲハの目玉模様の黒色領域でも発現していることがわかった。

黒色遺伝子は現在4種類がわかっていて、基本的にはそれらが同じ場所で発現して黒色が生じる。全く異なる遺伝子が同じ場所で発現するのは、かなり不思議なことである。しかし、これらの遺伝子はエクジソンに応答して発現することが知られている。

じつは、上位の遺伝子Eがエクジソンに応答して発現すると、下流の4つの黒色遺伝子が発現する（遺伝子Eの働きによってエクジソンに応答していることになる）という

第五章　アゲハチョウに見る擬態の不思議

関係性があるのかもしれない。このようなやり方だと、種ごとの紋様のデザインも比較的容易に変更させることができるだろう。

■蚕の幼虫の斑紋を調べる

　Eのような遺伝子も、その発現場所を指定する遺伝子が必要となる。そうなると、その遺伝子の上位遺伝子、さらなる上位の遺伝子…と、延々と上位の遺伝子を求めることになってしまう。もしかすると、幼虫紋様の描き手は「1人」ではないのかもしれない。おそらくたった1つの上位遺伝子がすべてを決めているのではなく、複数の遺伝子が関連しながら、紋様を作り上げているのではないかと予想している。

　しかしながら、アゲハチョウを使ってこのような遺伝子を探し出すのはなかなか難しい。そこで筆者は、幼虫の紋様が確実に1個の遺伝子によって制御されていることがわかっている、蚕の突然変異体に注目した。例えば、蚕の背中に大きなスポット紋様が連続して見られる褐円 L は、キアゲハの黄色いスポット紋様と紋様の位置が似ている。また、各体節に細いストライプ模様がある虎蚕 Ze は、キアゲハの黒いストライプ模様とナミアゲハの若齢幼虫の時に見られるイボと似ている。さらに、各体節に大きなイボ状の突起が生じたコブ K は、ナミアゲハの若齢幼虫の時に見られるイボと似ている（図17）。

　これらの突然変異は、古くから遺伝学によって特定の染色体の位置にその原因遺伝子があるこ

褐円 L

虎蚕 Ze

コブ K

図17　蚕幼虫のいろいろな突然変異体

とがわかっていた。ただ、その情報は「大体の位置がこの辺り」というだけで、何の遺伝子が原因となっているかは全くわかっていなかった。

日本では養蚕業が衰退したとはいえ、カイコはいまだに農業上重要な生物である。そこで、日本や中国が国の威信をかけてそのゲノムを解読し、2004年にはかなり詳細なDNA配列が決定された。当研究室の山口淳一研究員は最近、このゲノム情報や最新の分子生物学を駆使して、褐円 L の原因遺伝子を同定することに成功した。それは予想外の Wnt1 （ウィント1などと研究者は発音する）という遺伝子だった。

この遺伝子は、最初ショウジョウバエの翅のない変異体の原因遺伝子として同定され、その後は、乳がんを引き起こす原因となっていることなどがわかった。そして、動物のほとんどすべての発生過程に関与する極めて重要な遺伝子である。卑下するわけではないが、なくても大して支障

118

第五章　アゲハチョウに見る擬態の不思議

のない紋様ごときにこのような遺伝子が使われているのが予想外だったのである。Wnt1は褐円のスポット紋様の中心部で発現するようになり、その指令の下で多くの遺伝子が動員され、最後には黒色の遺伝子群が発現するようになったと考えられた。通常は皮膚ではほとんど発現しないWnt1が、なぜ褐円では発現するようになったのか？　その原因は、エクジソンに応答するような配列が、突然変異で褐円のWnt1遺伝子に生じたようだ。前述したエクジソンに応答するEのような遺伝子が、Wnt1に指令を与えるようになったと考えられた。

さらに、キアゲハの黄色いスポット紋様にもWnt1の働きが関与していることがわかった。すなわち、カイコの変異体からの知識がアゲハチョウの紋様のしくみにもつながることがわかったのである。

Wnt1自体が紋様の位置を決めているのかどうかはまだ明確ではないが、複数の遺伝子によって紋様を描いている様子が少しずつ明らかになりつつある。

さらにストライプ模様のZeやイボ状突起ができるKなどの原因が解明されれば、アゲハチョウの幼虫紋様の描き手の正体もきっと明らかになるだろう。

119

【2】 アゲハチョウの蛹は足場で背景色を探る？

庭先にあるミカンの植木を見ると、蝶の蛹がついていることがある。それは大抵アゲハの蛹である。しかし、何度か見慣れてくると、緑色の蛹と茶色の蛹があることに気がつく。形や大きさは同じでアゲハの蛹であるのは間違いないのに、なぜ色が違うのだろう。アゲハを飼育された経験のある読者ならば、このような素朴な疑問をもたれた方も多いだろう。

■アゲハチョウの蛹にはなぜ緑色と茶色があるのか？

研究室でナミアゲハやシロオビアゲハの幼虫を密閉したプラスチックのカップの中で飼育していると、たしかに少なくとも茶色と緑色の2種類の蛹が観察できる（口絵24）。場合によっては中間的なオレンジ色の蛹もできる。緑色の蛹は、大概プラスチックカップのつるつるした面に糸（帯糸 (たいし)）を掛けている。一方、飼育の都合でキムワイプというざらざらした紙をカップの中に入れていると、その紙面についた蛹は大体茶色になる。

なぜ、このようなことが起こるのだろう？ 庭先のアゲハの蛹についてもう一度見てみよう。ミカンの木には葉や小枝もあれば、太い幹や枝もある。葉や細い小枝はつるつるしていて緑色だ

第五章　アゲハチョウに見る擬態の不思議

が、そのような場所の蛹は緑色のことが多い。

一方、太い幹や枯れた枝は茶色だが、そのような場所の蛹は茶色のことが多いのだ。蛹は幼虫や成虫と違って動けないため、鳥などの捕食者に見つかったらひとたまりもない。したがって、周囲の色に隠蔽するような保護色として蛹の装いに見えているのだろう。

では、どうやって色を変えるのだろう？　アゲハは自らの目で周囲の色を判断して「保護色」を切り替えているのだろうか、と考えるのが一番わかりやすい。

しかし、どうやらそうではないようである。たくさんの研究者がアゲハの蛹の色を何が切り替えているのかを調べ、光、湿度、植物からのにおい、温度などさまざまな環境要因が関係すると報告している。しかし、背景が緑色だから緑色の蛹になる、背景が茶色だから茶色の蛹になる、というわけではなさそうだ。

周囲の環境を感知する方法として有力で興味深い説は、アゲハは「目」ではなく「足」を使っているというものだ。

アメリカの研究者へイツェルらは、クロキアゲハというアゲハチョウの蛹を使って多くの実験を行ったが、滑らかな表面をした構造は緑色蛹の割合が、粗い表面をした構造は茶色蛹の割合が増えると結論づけた。日本の研究グループもナミアゲハやクロアゲハを使って、やはり蛹になる場所が「ざらざらかつるつるか」、またその場所の面の広がり（つまり太い幹や細い枝か）に依存

しているると報告している。

つまり、アゲハの幼虫は視覚ではなく触覚を使って周囲を探り、蛹の色を決めているというのだ。

大腸菌の研究で著名な熊本大学名誉教授の平賀壯太博士の実験も、そのような説を支持している。平賀博士は、子供の頃からこの現象に興味をもっていて、大学を退職後、アゲハチョウの研究に本腰を入れたという根っからの「蝶屋」である。

平賀博士の実験を簡単に説明すると次のようなものだ。インクジェットプリンターで白、黒、茶、緑の色をつけた光沢紙に、比較的強い光の下で幼虫の最後の時期のアゲハを載せておくと、ほとんどが緑色の蛹になった。一方で、同じ光の下でサンドペーパーの上に置いた幼虫はほとんどが茶色の蛹になった。すなわち、背景の色は蛹の色には関係しないのと、幼虫はつるつるかざらざらかを感じ取っていると考えられる。

じつは、前述したヘイツェルらの実験では、黄色の背景では緑色の蛹が、赤や青色の背景では茶色の蛹が多くなると報告していたのである。

平賀博士は、彼らの実験は弱い光の下で行われていたのではないか、また、強い光の方がより自然の条件に近いのではないかと推測している。

さまざまな実験結果と考え合わせると、緑か茶かという選択においては、何もなければ「緑」

122

第五章　アゲハチョウに見る擬態の不思議

となり、ざらざらしているといった「触覚刺激」があると「茶」が誘導されると考えられる。

一方、真っ暗な箱の中では光沢紙上でも茶色蛹が出てきた。どうやら、光は茶色蛹の誘導を妨げるようだ。自然の状態を考えると、ミカンの緑の葉や棘は光があたる表面に近い所にあるが、茶色の太い幹や枝は光があまり届かない奥の方に隠れている。蛹のつく場所の環境と蛹の色は、つくづく合理的にできていると感心させられる。

■緑色と茶色の蛹の色はいつ頃つくのか

では、蛹の色はいつ頃から色がつき始めるのだろうか？　このことを理解するには、蝶などの蛹がどのようにできるのかを少し説明する必要がある。

第四章で紹介したように、アゲハの幼虫は脱皮を繰り返し、最後の脱皮で「鳥の糞」から「柑橘系の葉」に紋様を切り替える。この頃になると蛹になる最終齢の幼虫は1週間ほどミカンの葉をたくさん食べて、5～6センチの大きさのイモムシに成長する。

蝶や蛾の幼虫は大抵そうだが、この頃になると蛹になる場所を探し求めてうろつきまわるようになる。このような状況を専門用語で「ワンダリング（Wandering：さまよい歩く）」というが、カイコのように上に向かってうろつくものと、スズメガのように下に向かってうろつくものがいるのは興味深い現象だ。前者は天井の隅に繭を作って蛹になるが、後者は土の中に潜って蛹とな

123

アゲハの幼虫はそれほど動き回らず、ワンダリングの時期を過ぎると腸の中の内容物を全部排泄してしまう。成虫になるまではまだ2週間近くあるが、その間飲まず食わずで、腐敗するような腸の内容物は事前に排泄しておく必要があるからだ。

この最終脱糞の時期を過ぎると、アゲハの幼虫は近くの面に帯糸（たいし）で自分の身体を固定するようになり、蛹になる準備を完了する。1～2日するとこの身動きしなくなった「幼虫」は、脱皮をして蛹になるのである。ワンダリングから蛹に脱皮するまでの期間を、前蛹期（ぜんようき）と呼ぶ。また、蛹になってから羽化してアゲハチョウになるまでは1週間程度かかるが、その時期を蛹期（さなぎき）と呼ぶ。

本題に戻ることにしよう。筆者らは、前蛹が新しい皮膚を作る段階で着色が開始され、蛹になった時には緑色と茶色の2種類の蛹ができると当初は考えていた。ところが予想に反して、蛹になった直後のアゲハを観察するとすべて緑色だったのである。「茶色になる予定の蛹」は蛹になって2～3日してから茶色になった。

最近、蛹の着色の詳細が次のようであることがわかった。

昆虫の体表の着色は主に、クチクラという体の一番外側にある部分に色素が蓄積して起こることが多い。蛹になった直後のクチクラを顕微鏡で観察したところ、すべての蛹でほぼ透明であることがわかった。蛹の体液は基本的には緑色で、脱皮直後の蛹が緑色に見えるのは、透明なクチクラを通して中の体液が見えているからであった。

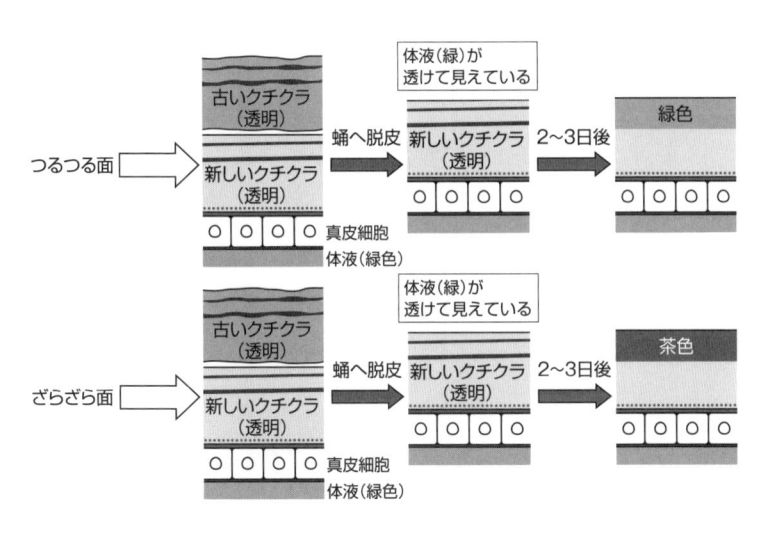

第五章　アゲハチョウに見る擬態の不思議

図18　茶色蛹と緑色蛹の生じ方

ところが、2〜3日過ぎるとクチクラは固くなって透明ではなくなり、中の体液の色はあまり見えなくなる一方で、クチクラの一番外側の部分が、緑色になる蛹と茶色になる蛹が現れるようになったのである。緑色の蛹が変化して茶色の蛹から、クチクラが着色した2種類の蛹ができたなったのではなく、体液が透けて見えていた緑のというのが真相である（図18）。

そして、より重要と思われる疑問は、2種類の蛹の色がいつ決定されるのかということである。

これに関して明確なことはまだわからないが、前蛹より前の幼虫の時期から環境の刺激を感知していると以前から言われてきた。しかし、平賀博士は帯糸をかけて固定された前蛹の状態でも環境が影響するということを見つけた。帯糸をかけると幼虫は腹脚（腹部にあるたくさんの脚）を足場の

125

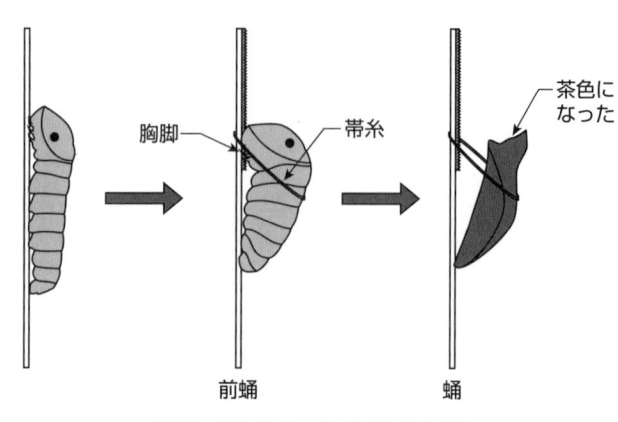

図19 サンドペーパーを間に入れると

面から離して糸にもたれかかるような姿勢になり、頭と胸肢だけが「足場面」についている状態になる。この時点でサンドペーパーを頭胸部と足場面の間に入れると、幼虫はすべて茶色の蛹になったのである（図19）。

平賀博士は、環境から受ける刺激が蓄積する「触覚刺激蓄積説」というアイデアを考えた。茶色蛹を作るためにはいろいろな環境要因が影響するものの、「ざらざら」という触覚刺激が特に重要で、幼虫期から受けるざらざら刺激が蓄積し、さらに前蛹期に感じるざらざら刺激が加わって、その刺激が一定量（閾値）を超えると蛹の体表で茶色の色素合成が起こるという考えである。

では、アゲハは「足」で足場を探っているのだろうか？アゲハは通常、触覚刺激を口の両脇にあるアンテナを使って感知している。しかし、帯糸をかけた後の前蛹では、このアンテナは足場の面に接触することはない。前蛹の時期に面に触れているのは、頭部の前面にある毛（機械的な刺

第五章　アゲハチョウに見る擬態の不思議

激を感じる感覚毛）や、胸肢（胸部にある3対の肢で、腹脚に比べると突った構造をしている。アゲハチョウの3対の肢は胸肢が変態して生じたものである）の機械感覚毛だと思われる。筆者らは、この毛を切ったり、接着剤で動かなくしたりして、ざらざら刺激を感じなくしようと試みたが、まだ成功していない。アゲハがどこで足場を探っているのかは、まだ謎として残されている。

■蛹の色の違いで生存率は変わるか？

このように、緑色や茶色になった蛹は本当に捕食者に見つかりにくいのだろうか？ ヘイツェル博士らが野外でクロキアゲハの蛹の生存率を調査したところ、背景色にマッチした色をしている蛹の方が、そうでない蛹よりも生き残る確率が高いという結果が得られた。私も経験的に、ミカンの木についているアゲハの幼虫を見つけるよりも、保護色を使った蛹を見つける方が難しいと感じている。

『ワンダフル・バタフライ』（本田計一、村上忠幸著、化学同人）という本を読んでいると、広島大学の大学祭で、アゲハチョウの蛹のついた鉢植えで蛹の数を当てさせる出し物を行ったという一節が出てくる。正解者はいなかったという話だ。鳥も蛹を見つけるのに難儀しているに違いない。

127

緑色と茶色は、まさしく大地を覆い尽くしているアースカラーである。そこに隠れるのは、何もアゲハの蛹の専売特許ではない。この2色はすべての弱者を救済する色なのだ。緑や茶色の昆虫、カエルやトカゲといった小動物も、危なくなればその場所に移動して身を潜めることができる。

しかし、その多くは遺伝的に緑色や茶色と色が決まっていて、その個体が生きている間に色が変化することはない。移動できないアゲハの蛹は、周りの環境に応じて保護色を変化させられるという意味でこれらの動物とは完全に区別できる。

ただ、背景に合わせて自らの体色を変化させられる動物は、他にもたくさんいる。カメレオン、ヒラメ、カエル、タコといった動物はすぐに頭に浮かぶ。でも賢明な読者の方は、アゲハとは何か違うなと感じられるのではないだろうか？ これらの動物はまさしく「目」を使って色を変えているのである。

例えば、ヒラメは背景の砂地に隠れる術をもっているが、砂地が反射する光の量を感じて、体の表面にある色素胞という細胞で色素を拡散させたり、集合させたりして体表にさまざまな色を作り出している。カメレオンと同じように、ヒラメも視覚を介して直接脳に背景のシグナルが送られ、神経系を介して全身の紋様が即時に背景に応じて変化する高度なシステムをもっているようだ。色だけでなく、場合によっては背景の景色に紋様まで似せて変化させるメカニズムについ

第五章　アゲハチョウに見る擬態の不思議

ては、まだよくわかっていない。

アゲハには、残念ながらそのような芸当はできない。背景の状況（ざらざらかつるつるか）を感知してから色を変えるまでには、少なくとも数日の時間を要するからである。

しかし、だからといってアゲハの蛹がカメレオンやヒラメに劣っているというわけではないだろう。アゲハも、最初の触覚刺激は神経を介して脳まで伝わっていると考えられる。そこから先の情報伝達は神経ではなく、後で述べるようにホルモンを介して体表の真皮細胞に伝わっていくと考えられる。カメレオンやヒラメのような生物の色素胞は神経系と密接な連携をとれるのに対し、昆虫の体表の真皮細胞には神経と連携をとるようなメカニズムがそもそも備わっていないと思われるからだ。

しかし、焦ることはない。獲物を捕らえるために絶えず動き回っているカメレオンやヒラメと違って、いったん前蛹や蛹になったアゲハは動く必要もなく、ホルモン作用によって体表の色が変わるまでの数日を耐え忍べば、背景に同化した色になるのである。

ライチョウはこの意味ではアゲハに近いかもしれない。夏のライチョウは背景の岩や石の色に近い地味な色をしている。しかし、冬になる前にホルモンの作用を介して換羽(かんう)が起こり、周囲の雪景色に調和した真っ白な姿になる。色が変わるまでには数か月が必要なのである。

面白いのは、ライチョウの生息する地域では雪が降ると白くなるという情報は織り込み済みで、

129

おそらく秋口の温度の低下や日長の変化によって白い羽毛にするようなプログラムが、進化の過程でゲノムに書き込まれたのだろう。

■茶色と緑色の蛹に変わる謎に挑む

アゲハの蛹のような、環境に応答した保護色から連想される昆虫としては、バッタやカマキリが思い起こされる。これらの昆虫にも茶色と緑色の2種類のタイプがいることは、多くの読者もご存じだろう。

カマキリの場合、環境に応じて茶色か緑色になるのか明確なことはわからない。しかし、トノサマバッタやサバクトビバッタといったワタリバッタと呼ばれるバッタの仲間では、古くから環境に応じて体色や性質が大きく切り替わることが知られていた。

パール・バックの長編小説『大地』や旧約聖書などにも書かれたように、集団となったバッタがあらゆる植物を食い尽くす「蝗害（こうがい）」は、天変地異の1つとして古くから世界各地の人類の記憶にとどめられてきた。その群れの大きさは、数百キロメートル四方という想像を絶する規模になることもあるらしい。通常バッタは緑色をしており、翅も短くてそれほど移動はしない。このようなタイプは「孤独相」と呼ばれる。

バッタの密度が高くなってくると、体色が茶色や黒っぽい暗色となり、移動に適した長い翅を

130

第五章　アゲハチョウに見る擬態の不思議

もつような個体が登場し、集団で行動するようになる。このようなタイプを「群生相」と呼ぶ。孤独相から群生相への変化を「相変異」と呼んで、多くの昆虫学者や生態学者が興味をもって調べてきた。

群生相になると、体色や姿形が変わるだけでなく、行動も全く変わってしまうのである。その原因はまだ明瞭でないが、バッタの密度が高まり、個体同士が接触する頻度が高まると相変異が起こるとの説が提唱されている。アゲハの蛹の体色も触覚刺激によって茶色になることを考えると両者に共通点があるとも言える。

一方で、相変異を引き起こすホルモンが探索され、１９９９年に農業生物資源研究所の田中誠二博士らのグループによりコラゾニンという小さなペプチド（11個のアミノ酸がつながった構造をしているホルモン）が、その候補として発見された。

興味深いことに、このホルモンを孤独相のバッタに注射すると、体色が茶褐色に変化するだけでなく、群生相に特徴的な形態なども見られるようになったのである。ただ、このホルモンが野生のバッタで相変異を引き起こす「最初（大本の）」の物質なのかどうかは、まだ不明瞭なようだ。

アゲハの話題に戻ると、６～７年前から筆者らのグループも、アゲハの幼虫の体色がどのような遺伝子や物質によって切り替わるのかを調べてきた。そもそも、ざらざら面の接触刺激を受け

131

てから何日もかかって体色が変わるのはなぜなのだろう？

じつは、蛹が環境に応じて保護色を切り替える現象は、アゲハ以外の多くの蝶でも見られる。動かない蛹が捕食されるのは何もアゲハに限ったことではないので、当たり前といえば当たり前である。

アゲハと違って、日長や温度、背景色など触覚刺激以外の環境要因が体色変化を起こす蝶も少なくない。しかし、いずれの場合も、環境刺激が脳に伝わり、体色を変化させる指令を担ったホルモンが脳から分泌され、そのホルモンが真皮細胞に働きかけて体色を変化させている。これは、バッタの相変異にも共通することである。脳に刺激が伝わるのはほとんど瞬時のことだが、脳からホルモンが分泌されるのには少し時間がかかる。

しかし、最も時間がかかるのは、ホルモンの情報を受け取った真皮細胞で色を作る「絵具」のような遺伝子が「発現」するステップである。例えば、「ざらざら」刺激を受けた脳から出されたホルモン（残念ながらまだわからないが）を受け取った細胞では、茶色を作り出すための遺伝子群からタンパク質（酵素や色素に結合するものなど）が合成されるようになる。つまり、これらの遺伝子群は脱皮をする際に働くものが多く、蛹に脱皮する前から発現するようになる。つまり、茶色指令ホルモンだけでなく、エクジソン（脱皮ホルモン）などの脱皮に関連したホルモンも発現に関わっているので、環境刺激を受けてから体色変化するまでに長い時間がかかると考えられる。

第五章 アゲハチョウに見る擬態の不思議

大学院生の村岡洋輔君が、アゲハの蛹の茶色と緑色がどのような遺伝子の働きによってできるのかを調べ、興味深い結果を得た。

この実験で重要なことは、見た目では全くわからないが、前蛹の中では緑色と茶色になるための変化（遺伝子の発現）が起こっているということである。つまり、色が生じる前に遺伝子が発現するので、「必ず、緑色あるいは茶色の蛹になる」という条件を設定しておく必要がある。

そこで、「緑色条件を「幼虫を明るい場所でつるつるしたカップで飼育する」」、茶色条件を「幼虫をキムワイプで覆ったカップで飼育する」としたところ、ほぼ100％の確率で思い通りに着色させることができるようになった。

第五章[1]で述べたように、村岡君はそれぞれの遺伝子発現を茶色条件蛹と緑色条件蛹で調べてみたのである。

判明していたので、村岡君はそれぞれの遺伝子発現を茶色条件蛹と緑色条件蛹で調べてみたのである。

読者の方にわかりやすくするために、遺伝子の種類は、「赤色遺伝子」「黄色遺伝子」といった具合に、それぞれの色の名前で簡略化することにする。

緑色蛹では、青色遺伝子（群）と黄色遺伝子が強く発現していた。予想通り「青＋黄＝緑」の図式に当てはまっていたのである。一方、赤色遺伝子や黒色遺伝子（群）の発現は抑えられていた。

ここで、青色遺伝子（群）という風に表記したが、アゲハチョウには青色色素（ビリン）に結

合するタンパク質が4~5種類あり、そのうち2種類だけが蛹の緑色に関与していることがわかった。

興味深いことに、カイコなどには基本的に、青色遺伝子の原型のような遺伝子が1種類あるだけである。カイコの幼虫、蛹、成虫はいずれも緑色ではない。おそらく進化の過程で青色遺伝子を増やしたアゲハチョウの祖先が、緑色の幼虫（アオムシ）、緑色の蛹を生み出して環境に適応した有利な種として繁栄するようになったのだろう。

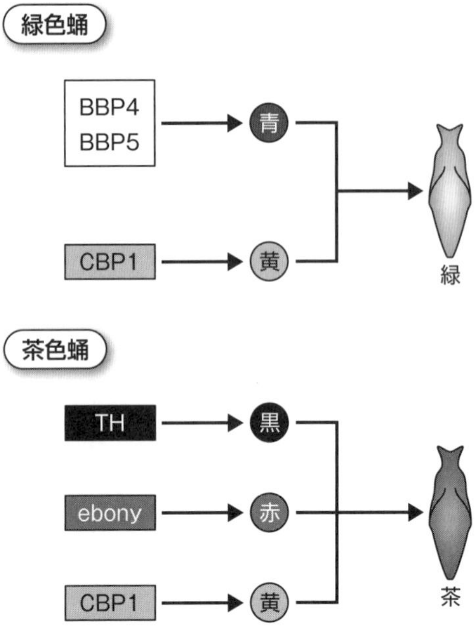
緑色蛹
BBP4
BBP5
青
CBP1
黄
緑
茶色蛹
TH
黒
ebony
赤
CBP1
黄
茶
BBP：ビリン(青色物質)結合タンパク質
CBP：カロチノイド(黄色物質)結合タンパク質

図20　アゲハの蛹の色の作り方

アゲハチョウのゲノムを調べてみると、4~5種類の青色遺伝子は互いに隣り合った位置にあることから、遺伝子の数を徐々に増やしていったと考えられる。

一方、茶色蛹では、黄色遺伝子に加えて赤色遺伝子と黒色遺伝子（群）が発現していた。こ

第五章　アゲハチョウに見る擬態の不思議

のことは、「黄＋赤＋黒＝茶」といった形で茶色が作られていることがわかる（図20）。一方、青色遺伝子（群）は発現が抑制されていた。これらの結果から、黄色以外の遺伝子は、環境刺激に応じて、増えたり、減ったり、巧みに調節されていることがわかる。

さらに、村岡君は「ざらざら刺激」を受けた幼虫の脳をすりつぶして、緑色になる予定の幼虫に注射すると、茶色蛹に強制的に変更できることを示した。その時の遺伝子発現を調べると、緑色タイプではなく、茶色タイプに変更されていた。このことは、遺伝子発現の大本にあるのはホルモンであることがよくわかる。

このホルモンは何なのか？　この実体の解明が、アゲハの蛹の色の不思議を解く鍵なのである。

【3】　毒をもつアゲハ

地球上には危険な生物がたくさんいる。特に小動物には猛毒をもつものが多く、彼らは大概派手な色彩や紋様を身にまとっている。

■毒をもつ生物と擬態者

例えば、南米のヤドクガエルはコバルトブルーあるいは原色に近い黄や赤といった色をしてお

り、水族館や動物園などでもひときわ人目を引く。体長はせいぜい5〜6センチで、このようなカエルは通常は小動物の格好の餌食となるはずだが、名前の通りヤドクガエルの仲間の多くは猛毒をもっており、賢明な捕食者はこのカエルを襲おうとはしないだろう。

この毒はアルカロイドの一種で、餌のアリや小昆虫などに由来しているらしく、ショウジョウバエなど毒のない餌で飼育するとその毒性が失われるという。なぜ、カエル自体はこの毒にやられないのか？

おそらく、摂取する毒の量はごく微量で、体内に蓄積していく過程で濃度の高い猛毒となるのではないかと想像する。

一方、毎年何人かの日本人が被害にあうフグのテトロドトキシンも猛毒である。フグはヤドクガエルほど派手ではないが、トラフグやマフグは胸鰭（ひなびれ）の横に大きな目玉模様をもち、危険を察知すると大きく膨れ上がる様は、捕食者に対するシグナルとしては十分目立つ。

フグの毒は、以前は体内で合成されているという見方もあったが、現在では、海洋のプランクトンや細菌に由来する毒が貝類などで濃縮され、さらにフグが生物濃縮しているという説が有力らしい。フグはテトロドトキシンに対してある程度耐性をもっているようで、ヤドクガエルも自らの毒に耐性をもっているのかもしれない。

このように、毒をもつものの多くは、捕食者に対して派手な色、不思議な形といった何らかの警告的なシグナルを出すのが常である。捕食者の多くは、毒のある生物の危険性を学習によって

136

第五章　アゲハチョウに見る擬態の不思議

知る。

したがって、捕食者が二度と襲わないように仕向けるには、たった一度の経験でも強烈な印象を与える何らかの目印が必要なのである。その生物が危険だという情報と強烈な目印が学習によって結び付けられ、捕食者の記憶にとどめられる必要があるのだ。

また、捕食者を痛い目に合わせる必要はあるのだが、猛毒によって死んでしまっては困る。「この生物は危険である」ということを記憶して生き延びてもらわなければ、周りは無知で未熟な捕食者ばかりになってしまい、警告的なシグナルは役に立たなくなるだろう。生き長らえた捕食者が高等な動物ならば、その危険性を子育ての段階で伝えるかもしれない。猛毒生物のこのような戦略から考えても、襲った側の捕食者が死ぬことは実際には少ないのではないだろうか？　無毒をもつような強い生物は、弱い生物にとってはモデルとして「見習うべき」対象である。無論、ヤドクガエルの毒がうらやましいからといって、毒の獲得方法を真似するのは容易ではない。おそらく、進化の過程ではまずはモデル生物が登場し、その真似るべきは警告シグナルの方だ。警告シグナルだけを真似る擬態者が登場したのだろう。

■ **毒のある蝶**

さて、ここで毒のある蝶に話題を移すことにしよう。150年ほど前にベイツがアマゾンを探

137

検して蝶を採集して、それを分類していく段階で「ベイツ型擬態」の着想を得たことは既に述べた。彼が採集した派手な蝶の多くはドクチョウ亜科という科に分類されたが、採集している時にそれらが非常にゆっくり飛んでいるのに気がついた。

ベイツは、自著『アマゾン河の博物学者』（長沢純夫、大曽根静香訳、思索社）の中でドクチョウ科の蝶に関して「これらの蝶の翅の地色は普通真っ黒で、その上に濃い赤や、白、鮮黄などの、斑点や縞が、種によって様ざまな模様を作って描かれている。それらの優美な姿といい、あでやかな色どりといい、またそれにゆっくりとした滑るような飛び方といい、そのどれもが、この仲間を非常に魅惑的なものにしている」と述べている。

また、W・ヴィックラーは著書『擬態 自然も嘘をつく』（羽田節子訳、平凡社）の中で、ベイツが「それらの蝶は防御の手段をもっていないようなのに、捕食者の鳥がたくさんいる中を平気で暮らしている」と書き残したと紹介している。

さらに、ベイツと親交が厚く、彼とともにアマゾンを探検したウォレスは『熱帯の自然』（谷田専治、新妻昭夫訳、平河出版社）で、マダラチョウのような派手な蝶がゆっくりと飛んでいる理由は「ゆっくり飛ぶのは捕食者の目を引きつけ、まずい餌としてはっきり認識させて捕食を逃れるためだろう」と述べている。まずい蝶が派手な色をしているのは捕食者に知らせるためだというアイデアは、既に１５０年以上も前から考えられていたのである。

第五章　アゲハチョウに見る擬態の不思議

では、蝶の毒とはどのようなものなのだろう？　蝶や蛾では、自らを防御する物質を自分の体内で作り出す場合と、食草から摂取した有毒成分を体内に蓄積させる場合がある。また、「毒」と一口にいっても、本当に捕食者にとって健康を害する毒性の高いものと、まずい、臭い、不快だといった類の物質に分かれる。

毒というと誤解があるかもしれないので、以後は「防御物質」と呼ぶことにしよう。以下では、これまでに調べられた防御物質で、興味深い例を見てみよう。

アメリカでよく研究されているオオカバマダラという蝶がいる。名前の通り、マダラチョウ亜科（タテハチョウ科）に分類される蝶で、黄色に黒の目立つ紋様をしていて、筆者の主観かもしれないが、何となくまずそうな雰囲気を醸し出している。幼虫も白、黒、黄緑が交互に縞模様となった派手ないでたちをしている。

オオカバマダラは、北アメリカを渡り鳥のように数千キロも大移動するので有名である。冬場は暖かなメキシコで過ごすが、春先になるとアメリカ合衆国のテキサスなどに移動して、幼虫の食草となるトウワタという植物の葉に卵を産み付けるのだ。トウワタを食べて育った幼虫はまた蝶となり、さらに北へと移動して、数世代にもわたって「旅」を続ける。オオカバマダラは寿命が1か月ほどしかないので、このようにして少しずつ北へ向かう。

しかし、冬が到来する前にまた南へ戻らなければならないので、夏を過ぎると再び南に向かう。

139

11月頃になるとメキシコに戻り、そこでそのままメキシコギンモミの木などに止まって次の春まで休息をとる。蛹や幼虫も含めて、この蝶を捕食しようという鳥はまれである。幼虫が食べるトウワタには、苦味の強いステロイド系の有毒成分が含まれているからだ。

つまり、この蝶は幼虫が食べた食草の毒を防御物質として体内にためこんでいるのである。

1969年にアメリカのブラウアーは、空腹なアオカケスという鳥にオオカバマダラを襲わせたところ、食べた鳥は吐き出してしまい、二度とこの蝶を食べようとはしなくなったと報告した。この実験は、捕食者が味と蝶の紋様を結び付けて学習し、忌避するようになることを初めて示したもので、警告色の生物的効果を実証した点で大きな意味がある。

もっと身近な蝶の防御物質として我々がよく知っているのは、アゲハなどの幼虫を驚かせた時に出る例の「臭い液」である。アゲハを飼育された読者ならばほとんど経験されたと思うが、幼虫に不意に触れようものならば幼虫の頭部（正確に言うと頭と胸の境）から突如黄色い突起が2本伸びて、辺りに独特の匂いが立ち込める。ギンナンの匂いと似ているが、共通する物質として酪酸が含まれている。

普段は皮膚の下に仕舞いこまれている突起は臭角(しゅうかく)と呼ばれ、アゲハチョウ科の幼虫の強力な「武器」である。その分泌液には30種類以上の成分が含まれているが、その多くはテルペン、脂肪酸、エステルといった比較的分子量の小さな物質である。

第五章　アゲハチョウに見る擬態の不思議

臭角から出る防御物質は、食草から取り込んだものに由来すると昔は思われていたそうだが、広島大学名誉教授の本田計一博士らの研究によって幼虫自身が合成していることが示された。

面白いのは、アゲハチョウ科のさまざまな種でハチョウの種類によって臭いが嗅ぎ分けられるのか、「臭い液」の成分は異なっているそうだ。アゲハチョウ科の中にも、オオカバマダラのように毒蝶として知られるものがいる。ジャコウアゲハ類の蝶である（口絵25）。ジャコウアゲハは、河原などを飛翔する大型の黒い蝶として関東近辺でもよく見かける。毒蝶らしくゆっくりと飛んでいるので捕まえるのは極めて簡単である。後翅の辺縁部には複数の赤いスポットが目立ち、また*Papilio*属のアゲハに比べると後翅の「尾」がかなり長く見える。

名前のジャコウは香料の麝香(じゃこう)に由来する。甘い香りがするということだが、筆者は残念ながら本当の麝香の臭いを嗅いだ経験はない。オスのジャコウジカの臭腺のような組織から香料は採取されていたのが、今では乱獲のためジャコウジカは絶滅に瀕しているという。天然の麝香は市場にはほとんど出回っておらず（ワシントン条約で商取引は禁止されているとのこと）、合成した香料が主に使われているそうだ。オスのジャコウアゲハを捕まえると麝香の匂いがするという話だが、麝香の匂いを知らないせいか、私にははっきりとはわからない。

ジャコウアゲハ類の蝶の特徴は、ウマノスズクサかそれに近縁な植物を食草としていることだ。

ウマノスズクサは河原や土手などに生えているので、ジャコウアゲハのメスは卵を産み付けるためにもウマノスズクサの辺りをよく舞っている。

筆者の研究室でもこの蝶を飼育しているが、食草さえあれば飼育するのは非常に簡単である。

ただし、食草のウマノスズクサを調達するのが大変である。土手などに生えているためか、雑草として定期的に刈り取られてしまうからだ。

さて、ウマノスズクサにはアリストロキア酸という毒が含まれている。したがって、この植物を食べる幼虫はこの防御物質を体内にためこんでいると考えられる。蝶になってもアリストロキア酸が体内に残っているため、捕食者はこの蝶を食べようとはしないと考えられる。アリストロキア酸には明らかな毒性がある。例えば、バルカン腎症というバルカン半島でかつて流行した病気の原因は、小麦に紛れていたウマノスズクサが原因であると報告されている。

ごく最近には、アリストロキア酸が尿路上部ガンを引き起こす可能性があることも示された。また、漢方薬の多くにもアリストロキア酸が含まれたものがあり、以前は腎障害などの重大な健康障害をもたらしたケースもあったそうだ。幸いにして最近ではその害が広く知られるようになり、アリストロキア酸を含むハーブ類は日本の市場には出回っていないとのことだ。

このように、アリストロキア酸は人間に対しては毒であることは確かだが、鳥のような捕食者が食べた瞬間にその有毒性を認識するとは考えにくい。苦味のような嫌な味がするので鳥が吐き

第五章　アゲハチョウに見る擬態の不思議

出してしまうということなのだろう。鳥はその際に、黒翅に毒々しい赤いスポットがちりばめられた姿形をしっかりと目に焼き付けるのだろう。

それでは、ジャコウアゲハの幼虫や蛹はどうなのだろう。ためこんでいるから、鳥は捕食を避けるだろう。

案の定、幼虫も蛹もかなり変わった姿形で捕食者にアピールしている。幼虫は黒と白のツートンカラーの体中に、尖った突起が突き出しており、大小複数の突起が出ている。その先端は赤色をしている（口絵26）。また、黄色っぽい蛹も風変わりな姿形をしており、人間にも強く印象を与えたようで、古くは「お菊虫」と呼んでいたそうである。

お菊虫とは、細川家のお家騒動に絡んで殺された、怪談「播州皿屋敷」に出てくる亡霊のことだ。お菊は大事な皿を紛失したと無実の罪で切り捨てられ、井戸にうち捨てられたことを恨んで、「いちまぁい、にまぁい」と彷徨（さまよ）い出てくるのである。

1795年に姫路城下で、後ろ手を縛られた女性のような姿の蛹が大量に発生し、それがお菊の生まれ変わりだとして名付けられたとのことである。ただ、ジャコウアゲハの蛹をお菊虫と限定する説には異論もあるようだ。

沖縄などの南西諸島には、ジャコウアゲハに似たベニモンアゲハという蝶がいる（口絵28　写真左）。リュウキュウウマノスズクサなど、やはりウマノスズクサ科の植物を食草としている毒

143

蝶である。

幼虫、蛹、成虫の姿形もジャコウアゲハによく似ている。ジャコウアゲハより大きくピンク色で、体全体もピンク色をしており、より毒々しい印象だ。研究室の大学院生に聞くと、ジャコウアゲハと違ってベニモンアゲハは飼育が難しく、なかなか卵を産ませられないということだ。

この蝶は日本にはもともと生息しておらず、昭和40年頃に台湾などから迷蝶として八重山諸島に定着し始め、その後徐々に沖縄本島、奄美大島などに北上したという。ごく最近日本に飛来したことから、ベニモンアゲハのいる島といない島があり、そのことは動物行動学や生態学の視点から見て興味深い現象だ。

【4】 毒をもつアゲハに似せる無毒なアゲハ

沖縄に行くと、本州では見られない鮮やかな蝶がたくさん飛んでいて、目を楽しませてくれる。オオゴマダラやツマベニチョウなどは南国っぽい雰囲気のする蝶である。鮮やかな色合いや目立つ紋様などからもわかるように、これらも「毒蝶」の一種だ。

第五章　アゲハチョウに見る擬態の不思議

■シロオビアゲハはなぜメスに限って擬態する?

毒蝶のジャコウアゲハやベニモンアゲハも沖縄などの南西諸島にはよく見られるが、これとは別に、後翅に白い帯状の紋様をもつ蝶もよく飛んでいる。シロオビアゲハである（口絵27）。シロオビアゲハは毒をもたない蝶なので、ナミアゲハのように素早く飛んでいる。

しかし、シロオビアゲハには別の種のように見える紋様の蝶もいる。その蝶の後翅の周縁部に赤いスポット状の斑紋が点在し、また白い帯状の紋様の代わりに後翅の中央付近に大きな白い斑紋が見える。

これは、ジャコウアゲハやベニモンアゲハに似せて、捕食者から逃れるベイツ型擬態をしているといわれる（口絵28）。同じ集団内に2種類の別の蝶とも思えるものが共存している（種内多型ともいう）事実は、古くから蝶の研究者や蝶マニアの興味を引いてきた。

この蝶がさらに興味深いのは、「メスに限って擬態する」という点である。シロオビアゲハのオスはすべて、白帯紋様の後翅をもつ蝶（非擬態型）である。しかし、メスには非擬態型とベニモンアゲハに擬態する擬態型の2種類がいるのである。この現象の生物学的な意味の解釈には諸説あるが、一番もっともらしいのは「メスの方がオスより栄養価が高いので、鳥に狙われやすい」という説である。

これは、シシャモを例にとるとわかりやすい。ほとんどの消費者は、オスのシシャモよりも卵

145

のたくさん入ったメスのシシャモを好んで買う。消費者はメスの方が栄養があると思って買っているわけではないが、オスよりもおいしいと思っているのは確かだ。このことは、メスの価格よりも圧倒的に高いことからも間違いない。

したがって、食べられやすく（捕食圧が高いという言い方もする）、子孫を残さなければならないメスは、毒のある蝶に擬態して生き残る術が必要だったのだろう。それではなぜ、シロオビアゲハのメスはすべて擬態型とならないのだろうか？　これには次のような説がある。

つまり、捕食者からは食べられにくくなる一方でオスからは好まれない擬態型となるか、オスからは好まれるが捕食者からは狙われやすくなる非擬態型のメスをより好む傾向があるらしい。シロオビアゲハのオスは自分に近い紋様、つまり非擬態型のメスをより好む傾向があるらしい。つまり、捕食者からは食べられにくくなる一方でオスからは好まれない擬態型となるか、オスからは好まれるが捕食者からは狙われやすくなる非擬態型となるか、その二者択一を迫られているという可能性である。

このように、擬態型と非擬態型にはそれぞれ一長一短があり、雌雄の個体数、捕食者の数、モデルとなるベニモンアゲハの数などその場所の環境に応じて、増えたり減ったりしていると考えられる。

しかし、広い地域全体で見ると、両方のタイプが進化の過程でともに維持されているのだろう。「食う・食われる」の生存戦略だけでなく、「好き・嫌い」の性戦略の両方が関わっているから蝶の翅は面白い。

146

■シロオビアゲハの生態学と遺伝学

ではなぜ、オスはシロオビ紋様のままなのだろうか？　オスは捕食圧がそれほど高くないことに加え、擬態するには余分な色素合成や遺伝子発現をするなどのコストがかかるため、メスに比べて擬態する必然性が少ないのかもしれない。

シロオビアゲハは日本ではベイツ型擬態をする蝶として最も有名だが、その理由の1つは生態学や行動学のレベルで非常によく研究されているせいもある。ベイツ型擬態をする動物の中で、捕食者やモデル（ベニモンアゲハ）との関係が、これほど詳細に調べられている例は他にはないといってもよい。

シロオビアゲハが擬態するベニモンアゲハは熱帯アジアに広く分布する蝶だが、元琉球大学の上杉兼司氏によると、1967年（昭和42年）に八重山諸島に、1975年（昭和50年）に宮古諸島に移入定着したという。北上を続けて現在は鹿児島県の奄美群島まで分布が広がっているが、まだ本土には上陸していないようだ。

すなわち、この50年ほどの間にシロオビアゲハにとってベニモンアゲハに似せるべき状況が生じたわけで、その意味では世界的にも珍しいケースだ。ただし、もともとモデルがいないはずなのに、宮古島や沖縄本島には擬態型のメスがいた。上杉氏は、このような個体はベニモンアゲハではなく、これらの島々にいるジャコウアゲハに擬態していたと推測している。この説を支持す

147

る事実として、ベニモンアゲハもジャコウアゲハもいない竹富島（八重山諸島にある島で石垣島から6キロほどの距離にある）には、擬態型のシロオビアゲハは見られないという。ベニモンアゲハとジャコウアゲハの後翅の紋様は互いによく似ているが、後者では中央部の白斑がかなり小さい。よく観察すると、ベニモンアゲハに似せた擬態型シロオビアゲハと、ジャコウアゲハに似せた擬態型シロオビアゲハの2種類がいるようだ。

上杉氏の研究によると、モデルのベニモンアゲハが増えていった島では、急速にベニモンアゲハに似た擬態型のシロオビアゲハが増えていったという。また、モデルの蝶が全くいない竹富島では、擬態型のシロオビアゲハは必ずしも有利ではないという実験結果も報告している。これらは、モデルがいる場所では擬態型が有利で、モデルがいなければ擬態型はそれほど有利でない、というベイツ型擬態の本質を表す興味深い研究だ。モデルの量や質が変動する現場にちょうど居合わせて、野生における擬態生物のダイナミックなありさまを観察できたのは、研究者冥利に尽きたことだろう。

シロオビアゲハが現在も世界的に着目されているのには、もう1つ重要な理由がある。シロオビアゲハの擬態は150年以上も前から知られていた。ウォレスが1862年に東南アジアを探検した際に、シロオビアゲハではオスではなくメスのみがジャコウアゲハ族の蝶に擬態していることを見つけたのである。

第五章　アゲハチョウに見る擬態の不思議

ウォレスはダーウィンと同時期に「自然選択によって進化が起こる」と提唱し、その際にシロオビアゲハの擬態を例にとって「進化論」を説明した。ダーウィンと同列で扱われてしかるべき進化論の創始者である。

ベイツが南米で見つけた、擬態する毒蝶のヘリコニウス科の蝶、ダーウィンがガラパゴス諸島で見つけたダーウィンフィンチ、ウォレスが東南アジアで見つけたシロオビアゲハに、欧米の進化研究者は非常に強いロマンを感じていると筆者は勝手に思い込んでいる。現在も欧米のグループはこれらの現象の原因となる遺伝子を探り、進化機構を解明しようと躍起になっているからだ。

ダーウィン、ベイツ、ウォレスはいずれも同時代のイギリス人で、彼らが生み出した「進化論」は、キリスト教の世界観に産業革命以上に大きな文化的変革をもたらした。ちょうど古いビンテージワインに魅せられるように、博物学全盛期に進化論誕生に関わったこれらの生物に関してだけは、自分たちが謎解きをするのだという欧米研究者の強い意気込みを感じる。

ウォレスの後、シロオビアゲハの現象に魅せられたイギリスの研究者は、遺伝学を使って擬態の原因を探ろうとした。100年近く前の1914年に、イギリスのケンブリッジ大学のフライヤーは、シロオビアゲハには擬態を制御する「遺伝子座（染色体における遺伝子の位置）」があり、その擬態形質はメンデルの法則に従って遺伝することを示した。

さらに1972年には、イギリスのリバプール大学のクラークとシェパードが、シロオビアゲ

ハで擬態型と非擬態型のメスが生じるのはたった1つの遺伝子座Hによるものであると報告した。この結果は、研究者に大きな驚きをもたらした。メスだけが擬態するシロオビアゲハのような複雑な擬態が、たった1つの遺伝子で制御されているとは信じがたいということである。クラークとシェパードは、たった1つの遺伝子Hというよりは、擬態に関与した遺伝子群Hが1個所に集まってシロオビアゲハの擬態を制御していると考えた。

染色体の特定の場所に集まって複雑な現象を制御している遺伝子群はスーパージーン（超遺伝子）と呼ばれ、その概念は100年近く前から提唱されていた。

そこで、クラークとシェパードは、シロオビアゲハのベイツ型擬態の原因遺伝子座Hはスーパージーンであると考えたのである。

しかし、スーパージーンは多くの現象でいまだに仮想の存在であり、現時点でもその機能を含めた実体について完全に解明されたものはない。欧米の研究者にとっては、進化論当初より議論されていたベイツ型擬態をする蝶としてだけではなく、スーパージーンという2番目の謎を背負ったシロオビアゲハに大きな興味を抱くようになったのである。

① なぜメスだけが擬態できるのか？
② なぜ野生集団の中で擬態型と非擬態型のメスが共存できるのか？
③ ベイツ型擬態を制御する遺伝子とは何か？

第五章　アゲハチョウに見る擬態の不思議

④ H遺伝子座は本当にスーパージーンなのか？

シロオビアゲハの擬態にまつわるこれらの疑問は、40年以上にわたり謎のまま残されてきたのである。私たちはこの4つの謎解きに、分子生物学や分子遺伝学の知識を駆使してチャレンジした。

■シロオビアゲハの解析に着手した背景

筆者がシロオビアゲハの擬態に興味をもったのは、10年以上も前になる。本当にたった1つの遺伝子座Hによってこのような複雑な擬態が生じるとしたら、どのような遺伝子が関与しているのだろう？　ダーウィンの時代から150年以上も研究者の興味を引いてきた現象を、分子生物学や分子遺伝学の立場から謎解きできるのではないかと考えたのである。

しかし、どのような方法でH遺伝子座の実体にたどり着けるのか、当時は思いつかなかった。その頃、日本にもう1人この擬態に興味をもっている分子遺伝学者がいることを知った。名古屋大学理学部の堀寛博士である。堀博士は、メダカの遺伝学の大家であるが、ご多聞にもれず根っからの蝶屋でもある。

メダカの性決定・性分化の研究に携わってきた堀博士は、メスだけがベイツ型擬態を示すシロオビアゲハに興味をかきたてられ、次の研究ターゲットと定めたのだろう。

151

10年ほど前、堀博士から *dsx* という遺伝子の構造を調べているかという連絡を受けた。*dsx* は、ショウジョウバエの性に異常をもたらす遺伝子として見つかったが、その後昆虫だけでなく、メダカなど脊椎動物などにも見つかり、動物の雌雄分化を最後に制御する遺伝子として知られている。

堀博士は、メスだけが擬態をするという性質から *dsx* 遺伝子に目をつけられたようだ。研究室の大学院生だった二橋 亮君がこの遺伝子のDNA配列を調べて堀博士に知らせたが、その時は芳しい結果が得られなかった。いくらなんでも1万個以上ある遺伝子の中から、直感で決めた遺伝子が「あたる」はずがないと正直思った。この遺伝子が擬態の直接の原因であると10年後に判明するとは、当時予想もしなかったのである。

その後、堀博士は、連鎖解析という手法で地道にH遺伝子座にたどり着こうと試みた。

ここで、この方法を少し説明する必要がある。多くの動植物には2セットの相同な染色体がある。母親に由来したセットと父親に由来したセットである。例えば、ヒトならば22組の相同染色体（合計44本の常染色体：性染色体でない染色体）と、男性ならばXY、女性ならばXXの性染色体（オスとメスで異なる染色体）をもっている。相同な染色体同士は 精子や卵子を作る過程（減数分裂）で自由に組み換わって、子供には自分の父親と母親に由来した染色体が部分的に入り混じったような染色体が伝わっていく。

第五章　アゲハチョウに見る擬態の不思議

また、遺伝的形質（豆の形、毛の色、ヒトの血液型といった、生物がもつあらゆる性質）に関しては、相同染色体の間で優性と劣性の関係が生じることが多い。例えば、メンデルはエンドウ豆に丸いもの（R）としわのあるもの（r）があることに気づき、丸くなる系統（RR）としわになる系統（rr）を掛け合わせた子供は必ず丸（Rr）になることを見つけた。この場合、丸はしわに対して優性で、しわは丸に対して劣性の形質である。エンドウ豆の形質は、メンデルの実験より130年ほど経った1991年に、デンプンの構造を修飾する酵素が原因であることがわかった。この酵素が機能しうるか（R）、壊れているか（r）によって、優劣が決まっていたのだった。

連鎖解析を考えるにあたって重要な概念は、異なる染色体上にある2つの形質は全く独立に遺伝し、同じ染色体上にある場合は、基本的には同時に遺伝する（連鎖している）ということである。例えば、カイコの第3染色体には幼虫の体が黒い縞模様になる突然変異の遺伝子座（Y）と、体が黄色くなる突然変異の遺伝子座（P^s）がある。両方の突然変異形質をもつ系統を作って子供を生ませると、基本的には同時に遺伝するため黄色に黒の縞模様がある幼虫ができる。しかし、相同染色体は組換えを起こすため、常染色体上にある2つの形質はある頻度で同時には伝わらないことがある。

したがって、YとP^{s}の間で組換えが起こった場合には、黄色いが黒い縞模様のないカイコや、

153

黒い縞模様はあるが黄色くないカイコができる。この組換えの頻度は2つの形質の染色体上の距離（遺伝的距離、物理距離などともいう）におおよそ比例するので、その距離を組換え頻度（％）として表す慣習となっている。いろいろな形質がどのような場所（遺伝子座）にあるのかを表したものが連鎖地図（染色体地図、遺伝子地図とも呼ぶ）で、新たに着目する形質がその地図のどこにあるかを探す作業を一般に連鎖解析を呼ぶ。

ちょうど地図が詳細であるほど目的の場所にたどり着きやすくなるように、連鎖地図にもなるべくたくさんの形質の位置（遺伝子座）が記されていると、新たに着目した遺伝子座の位置も正確に決められる。例えば、カイコのような生物ならば、数百年も前から突然変異体が400種類近くもとられ、その原因となる遺伝子座の位置を示す詳細な連鎖地図が作成されている。稲や小麦といった人間が長い間栽培したような作物も同様である。

しかし、シロオビアゲハのような野生の生物では、突然変異体など知られていないのが普通である。また、人間の場合、髪が赤色か金色か、目が青色か黒色か、といった目に見える形質の多様性がたくさん知られているが、シロオビアゲハではそのような形質はほとんど知られていない。つまり、着目している擬態模様や擬態行動以外には、連鎖地図を作成していく手がかりとなる形質がほとんどないのである。

このような場合、目に見える形質ではなく、DNAの配列自体が異なっている場所を地図上に

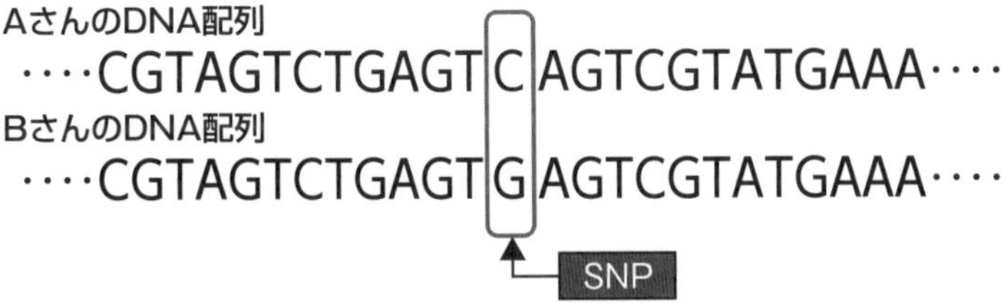

第五章　アゲハチョウに見る擬態の不思議

AさんのDNA配列
‥‥CGTAGTCTGAGT C AGTCGTATGAAA‥‥
BさんのDNA配列
‥‥CGTAGTCTGAGT G AGTCGTATGAAA‥‥

SNP

図21　SNP（一塩基多型）の概念図

記していく方法が最近は使われるようになった。例えば、ヒトのゲノムは誰でも基本的にはほとんど同じ配列をしているが、個人ごとに何百塩基に1個所程度は配列が異なっていることが知られている。このような配列の違いはSNP（一塩基多型：Single Nucleotide Polymorphism）と呼ばれ、病気の解明や医薬品開発にも利用されつつある（図21）。

シロオビアゲハでも遺伝子の配列を個体ごとに比較すると、DNAの配列の異なった場所を大量に見つけることができる。ただ、SNPを調べるような手法が登場したのは、ここ数年のことである。10年ほど前は、DNAを特定の位置で切断する酵素（制限酵素と呼ばれる）を使って、個体ごとでDNA断片の長さが異なる場所を見つけていく方法などが使われていた。

この手法を使って、堀博士はシロオビアゲハの連鎖地図を作るという作業を延々と続けたのである。詳細な方法は専門的なのでここでは割愛するが、数年前に堀博士はH遺伝子座を約1000kb（A、G、T、Cの情報が100万個つながったDNA配列）の特定領域の中にまで絞り込むことに成功した。シロオビアゲハのゲノムは約2億塩基対であるこ

155

とが最近わかったが、H遺伝子座をその200分の1ほどまでに追い込んだのである。驚くべきことに、そこにはdsx遺伝子が含まれていた。堀博士の「直観が当たった」としか思えない。

しかし、この領域には候補となる遺伝子がまだ40ほど残されていたのである。簡単にいうと、東京近辺としかわからなかった目的地が、渋谷駅から10分以内の場所にあるくらいまで絞り込めたが、まだdsx遺伝子が行先と決まったわけではないということだ。

■擬態の原因領域はスーパージーン

堀博士がシロオビアゲハの連鎖地図を作る作業を進めている頃、筆者らはシロオビアゲハの全ゲノム配列を決めるプロジェクトをスタートさせていた。ゲノムとはその生物種が含むDNA全体のことを指し、すべての遺伝子の情報が含まれているため「生命の設計図」とも呼ばれる。ヒトでは約300万kb（30億塩基対）の全配列が21世紀初頭に決定され、その偉業を当時のクリントン大統領が全世界に向けて誇らしげに称えたことが思い出される。

筆者らは、堀博士の決めた領域の中から6種類の遺伝子を選んで、シロオビアゲハの擬態型のメスと非擬態型のメスの間で異なる塩基配列（SNP）を多数ピックアップした。100匹以上の擬態型と非擬態型の蝶からDNAを採取し、例えば擬態型ではA、非擬態型ではCといった具合にSNPの配列を調べ、擬態型・非擬態型と一致するSNPはないかを探していくのである。

第五章　アゲハチョウに見る擬態の不思議

原因の領域に近づくほど相同遺伝子の組換え頻度は低くなるので、SNPのタイプが形質と一致するようになる。この方法は、ガン、心臓疾患、糖尿病など、さまざまな病気と関連する遺伝子を探る場合でも基本的には同じである。例えば、たくさんの乳がんの患者さんのSNPを調べ、ある遺伝子に近づくと必ずあるタイプのSNPが見られるということであれば、その遺伝子が乳がんの発症と何らかの関係があるといった具合である。

シロオビアゲハでは、堀博士の直観通り、dsx遺伝子に近づくと擬態型・非擬態型の表現型と一致したSNPの頻度が高くなることがわかった。そしてこのような連鎖解析から、2年ほど前にdsx遺伝子を含む約200kbほどの領域にH遺伝子座の原因領域が絞り込まれたのである。

ところが、以上の連鎖解析とは全く別の方法で、シロオビアゲハを生み出している場所が見つかった。それは、ゲノムの塩基配列そのものだった。シロオビアゲハのゲノムの全塩基数は約20万kb（2億塩基対）にも及ぶが、その中に通常は見られない特殊な配列部分が見つかったのだ。

ゲノムは同じ生物種でも個体ごとに少しずつ配列が違うことは既に述べたが、このような事情から野生生物のゲノムを決める時にはなるべく1匹の個体からDNAを用意して、配列を決定するようにすることが多い。それでも相同染色体は2本ずつあるので、2本の間で配列の違った部

157

分が数百塩基対に1回ほどは出てくる。

筆者らは、石垣島から送ってもらったシロオビアゲハを研究室内で飼育し、4世代目にあたるメスの幼虫1匹からDNAを採取して、ゲノム配列を決めることにした。成虫よりも幼虫の方が多くのDNAが採れるからだが、その幼虫が擬態型の蝶になるのか非擬態型の蝶になるのかその時点ではわからなかった。

ちなみにシロオビアゲハの遺伝学から、擬態型の形質（H）は非擬態型の形質（h）に対して優性で、またH遺伝子座は性染色体ではなく常染色体上にあることがわかっていた。つまり、HかHhのメスは擬態型となり、hhのメスは非擬態型となる。しかし、オスはどのような遺伝子構成（HHでもHh）でも、すべて非擬態型となる。このことが多くの研究者の頭を悩ませてきたのである。

静岡県三島市にある国立遺伝学研究所や、東京工業大学などの協力を仰いで完全に近いゲノム配列が得られたが、残念なことに配列が一致しない領域が非常に多く、予想以上に相同染色体間の配列の違いが大きいと考えて「これでは発表するのは難しい」と当初は断念しかかった。ところが、得られた配列を詳細に検討していくと、配列の違いがある場所は染色体上の特定の個所に集まっていることがわかったのである。

人間では、男性がXY、女性がXXの性染色体を持ち、XとY染色体では塩基配列が大幅に異

158

第五章　アゲハチョウに見る擬態の不思議

なる（つまり相同な染色体ではない）ため、DNAの組換えなどもほとんど起こらない。しかし、蝶や蛾では、メスがZW（蝶や蛾の性染色体。オスはZZで、W染色体のみメスに含まれる）の異なる構造の性染色体をもつため、ゲノム配列が一致しない領域はじつはほとんどこの領域に由来していたのである。

配列が非常に違っている長い領域がゲノム全体で15個所見つかったが、そのうち14個所はZとW染色体の違いに基づいていた。ところが、1個所だけは常染色体上にあり、その場所が dsx 遺伝子近辺だったのである。相同染色体の間で配列が異なるこの領域の大きさは、130kb（13万塩基対）にも及んでいた。配列を直接比較しても両者の配列はほとんど一致していなかったのである。

なぜそのように長大な領域にわたって配列が異なっているのだろうか？　結論をいうと、この部分では染色体の向きが逆になっていたのである。例えば、「はるがきた」という文と「はるはきた」という文では80％文字が一致しているが、逆向きに「たきがるは」では一致度は0％である。逆向きのDNAの配列を同じ方向で比較して大幅に異なっているのは、当然である。このような現象は「逆位」と呼ばれる。

この領域を含む相同染色体は、片方が擬態型の形質を生み出すH染色体（擬態型染色体）で、もう片方が擬態型の形質を生み出さないh染色体（非擬態型染色体）となっていたのである。

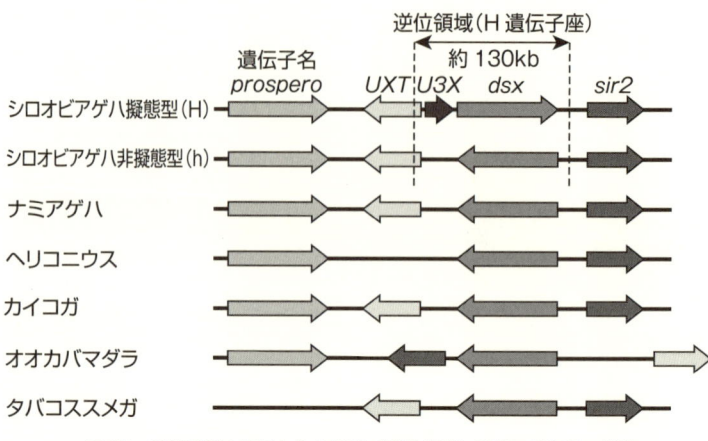

図22 擬態形質の原因となる領域（逆位領域）近傍の遺伝子の構造

h染色体はごく普通の染色体で、他の蝶や蛾でも似た構造をしている。そして、擬態を引き起こすH染色体では dsx 遺伝子近辺の130kb領域がひっくり返っていたのである（図22）。

つまり、最初に使った幼虫は、Hhという遺伝子型をもっており、将来擬態型メスになるはずだったのだ。私たちは非常に幸運なことに、偶然このような幼虫を使ったので、H染色体とh染色体の両方の配列を得て比較することができたのである。

ここで、賢明な読者の皆さんは気づかれたかもしれない。「H染色体の逆向きの部分をひっくり返せば元に戻るのではないか?」と。ところが、130kb領域をひっくり返しても、ほとんどの領域はh染色体の配列とは一致しなかったのである。

遺伝子の塩基配列のうち、タンパク質になる領域をエクソン、その他の領域をイントロンと呼んでいる。

第五章　アゲハチョウに見る擬態の不思議

130kbの領域中には、dsx遺伝子が丸ごと入っていて100kbほどの巨大な領域をしめていたが、そのうちエクソンは2kb程度だった。また、イントロン領域のH染色体とh染色体の配列は、ほとんど一致しなかった。

さらに、エクソン領域でも、H染色体とh染色体の間で配列（アミノ酸配列）がかなり異なっていたのである。性分化を制御するdsx遺伝子は、そのタンパク質が機能しなくなったら個体が死んでしまうほどの重要な遺伝子なので、このことは予想外だった。

H染色体の130kb逆位領域の中には、h染色体上には存在しない新規の遺伝子が見つかった（$U3X$）。また、逆位の片側の境目には、さらに3番目の遺伝子の途中部分までが含まれていた（UXT）。つまり、H染色体の逆位領域にはdsx遺伝子以外に2つの遺伝子が含まれていたのである。筆者は、130kbの領域全体が擬態を引き起こす原因を担っていると考えている。つまり、H遺伝子座は単一の遺伝子（dsx遺伝子）で構成されているのではなく、複数の遺伝子を含むスーパージーンとして働いていると考えている。クラークとシェパードが投げかけた疑問④「H遺伝子座は本当にスーパージーンなのか？」への私の答えは「YES」である。

■残された謎

h染色体には存在しない遺伝子（$U3X$）がある（この遺伝子がどう生じたかはまだわからない

ことから、H染色体はh染色体の一部が単純にひっくり返っただけではなかったのである。構造が大きく異なるヒトのX染色体とY染色体は組換えをおこさず独自に進化してきたのと同じように、H染色体の逆位は非常に古い時代に起こり、その後、逆位領域ではh染色体とは異なる進化、つまりベニモンアゲハに似せる擬態を担うという進化が起こったのだろう。

相同染色体は自由に組換わって、時が経つと両者の構造は似通ってしまうのが普通だが、H染色体の逆位領域ではh染色体との組換えが抑制されて、その構造はずっと維持されてきたのだ。

このことは、シロオビアゲハの謎②「なぜ野生集団の中で擬態型と非擬態型のメスが共存できるのか？」をうまく説明している。擬態型の遺伝子座Hと非擬態型の遺伝子座hは、決して交じり合うことがないのである。

DNAの配列は一定の頻度で変化する（突然変異）ため、Hとh染色体では逆位が起こった後にそれぞれの染色体に異なる変異が生じ、その違いが蓄積されてきたと思われる。面白いことに、H染色体のdsx遺伝子のタンパク質に見られる十数個の変異は、機能が壊れるような重要な所を避けるように生じていた。重要な場所に変異を起こした個体は、おそらく死んでしまったのだろう。

では一体、H染色体の逆位はいつ起こったのだろうか？　シロオビアゲハのh染色体と、約4000万年前に分岐したとされるナミアゲハのh染色体を、「普通の染色体」である。この染色体を、約4000万年前に分岐したとされるナミアゲハのh染色体

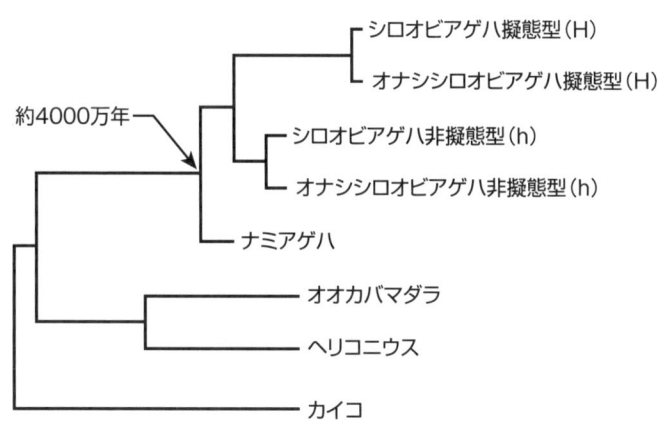

第五章　アゲハチョウに見る擬態の不思議

```
            ┌─ シロオビアゲハ擬態型（H）
          ┌─┤
          │ └─ オナシシロオビアゲハ擬態型（H）
約4000万年→┤
        ┌─┤ ┌─ シロオビアゲハ非擬態型（h）
        │ └─┤
        │   └─ オナシシロオビアゲハ非擬態型（h）
      ┌─┤
      │ └─ ナミアゲハ
      │
    ┌─┤   ┌─ オオカバマダラ
    │ └───┤
    │     └─ ヘリコニウス
  ──┤
    └─ カイコ
```

図23　H染色体の系統樹

と比較すると、dsx遺伝子のタンパク質領域を除いてはほぼ異なった配列になっていた。これは4000万年という途方もない年月の間に、種としては決して交じり合わない両者の染色体に、異なる突然変異が大量に蓄積したためである。

しかし、驚いたことにシロオビアゲハのH染色体とh染色体の間の配列の変化も、ナミアゲハとシロオビアゲハのh染色体間には及ばないが、それに近いほど変わっていたのである。この結果から、シロオビアゲハの擬態型H染色体の原因領域の逆位は4000万年近い前に起こったのではないかと推測している（図23）。

筆者らは2013年にはこのような結果を得て、2014年に入って論文を投稿する準備を進めていた。その時、予期しない事態が起こった。3月初旬にアメリカのシカゴ大学のグループが「シロオビアゲハの原因遺伝子はdsx遺伝子である」という報告を、『ネイチャー

163

(Nature)』に発表したのである。私を含め、研究を共同で進めてきたメンバーは大きな衝撃を受け、しばらくは呆然としていた。『ネイチャー』は世界で最も影響力のある雑誌であり、そこに極めて似た内容の結果を先んじて出されてしまうと、自分たちの成果を発表する場を失ってしまう可能性が極めて高かったのである。

10年以上もの間努力して得た成果が水の泡として消えてしまうかもしれないと考えると、悲観的な気持ちになったのである。ただ、シカゴ大学のグループの論文をつぶさに見ていくと、自分たちの結果とは異なる部分があることや、逆位に関しては十分な証拠が示されていないことなどがわかった。また、dsx遺伝子が原因であるとしながらも、それによって本当に擬態模様が変化するかどうかは示されていなかった。

筆者らのグループでは、長年にわたって個体の中で遺伝子の機能を調べる方法を開発しており、特任研究員の西川英輝博士がちょうどシロオビアゲハでの解析システムを完成させたところだった。そこで、急遽この方法を使ってdsx遺伝子の働きを調べ、シカゴ大学グループの研究内容を凌駕する形で論文を完成させることを目指した。実験の結果、H染色体上にあるdsx遺伝子の働きを阻害すると、擬態型のメスの翅の紋様が非擬態型のものに変化することがわかった(図24)。

一方、h染色体上のdsx遺伝子の働きを阻害しても何も起こらなかった。この結果は、H染

164

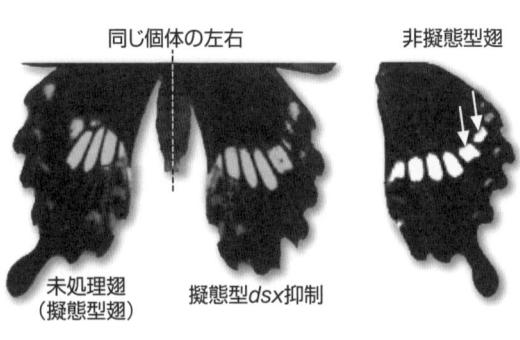

第五章 アゲハチョウに見る擬態の不思議

同じ個体の左右　　　　非擬態型翅

未処理翅　　擬態型dsx抑制
（擬態型翅）

図24　擬態型 *doublesex*（*dsx*）の働きを阻害すると

色体の dsx 遺伝子のみが擬態を引き起こすことができることを示しており、数千万年の間に変異を蓄積したこの遺伝子が、通常の dsx 遺伝子とは異なる機能を進化の過程で獲得したと考えられた。

③番目の疑問「ベイツ型擬態を制御する遺伝子とは何か？」に対しての答えは、「H染色体上の *doublesex*（*dsx*）が擬態形質を誘導している」というのが解答だった。

ただこの答えは、H遺伝子座にある他の2個の遺伝子が擬態に関して何もしていないということを意味しているわけではない。これらの遺伝子が、dsx 遺伝子の発現の仕方や翅の紋様そのものを制御している可能性があり、今後是非調べてみたいと考えている。

さて、最後に残った疑問①「なぜメスだけが擬態できるのか？」に関しては、dsx 遺伝子が雌雄分化を制御する遺伝子であるという点が重要である。dsx 遺伝子はメスではメスタイプの遺伝子が、オスではオスタイプの遺伝子が発現して、雌雄が決められ

165

る。H染色体上のメスタイプのdsx遺伝子のみが擬態を引き起こし、オスタイプのdsx遺伝子にはその能力がないと予想しているが、これについてはまだ証拠が得られていない。

ただ、H染色体上のdsx遺伝子の発現を調べてみると、擬態型のメスの翅では十分に発現しているのに対して、オスの翅（H染色体を持っていてメスであれば擬態型としかるべきオス）ではほとんど発現していないことがわかった。すなわちオスでは、擬態を引き起こすことのできるdsx遺伝子が、そもそも発現しないように制御されるようになったと考えられた。

私たちのこのような研究成果は、シロオビアゲハとナミアゲハのゲノム解読の結果とともに、無事2015年4月号の『ネイチャージェネティクス(Nature Genetics)』という雑誌に掲載され、世界的にも注目を集めた。

第六章

日本で進む昆虫の擬態研究

日本は、世界でも変わった国だと言われる。食文化にしろ、アニメやサブカルチャーにしろ、世界を席巻している日本文化は世界的にも極めてユニークだ。学問の分野では、昆虫学、進化生物学といった領域を得意とし、多数のユニークな研究がなされている。
日本には「昆虫採集」を趣味とする人が非常に多く、そのレベルも高い。おそらく、小さい頃から昆虫採集に勤しむ文化が育まれているからかもしれない。昆虫採集は、かつてはイギリスやドイツなどでも盛んで、日本にも情操教育の一環として導入されたらしい。
また、生物の進化に関して興味をもつ人も多い。欧米ではキリスト教の影響のせいか、進化論そのものを信じない人も少なくない。アメリカでの調査では、3分の1ほどの人が「人間や他の生物は世界の始まりから現在の姿であった」と考えているという。日本では宗教的な影響が少ないせいか、ほとんどの人が進化に関して肯定的で、テレビの番組でもさまざまな生物の進化が取り上げられている。
このような事情から、進化の産物である擬態、特に緻密な昆虫の擬態には当然、多くの日本人が興味をもっているように感じる。
擬態に関しては、これまで生態学や動物行動学の視点から数多くの研究がされてきたが、近年、分子生物学・進化生物学や新たな視点からユニークな研究が生まれつつある。
日本で進められている、昆虫の擬態についての興味深い研究を紹介しよう。

第六章　日本で進む昆虫の擬態研究

■他の昆虫が真似したくなるテントウムシの紋様

私たちの身近にいる昆虫で、特に馴染み深いのがテントウムシである。カブトムシやクワガタと同じ甲虫の仲間で、世界には約5000種類（日本には180種ほど）いるという。テントウムシというと、赤い体に黒いスポットが目立つ、丸くてかわいい虫というイメージだが、実際にはアブラムシなどを食べる肉食のものも多く、共食いもする。「テントウムシというと、赤い体に黒いスポットが目立つ」でピンと来た読者は、本書を完全に理解した人だ。これは、警告色と考えられる。

テントウムシを手荒く扱うと、死んだふりをして黄色い液体を分泌する。このような行動を擬死といい、捕食者などに嫌がられる。また、黄色い液体には臭みがあり、アルカロイド系の物質が含まれているため、実際に食べるとまずいだろう。つまり、色、行動、臭みからして捕食したくない相手であると思わせている。

では、これは擬態と呼べるのだろうか？

テントウムシにはたくさんの種類があるが、基本的には赤地に黒いスポット紋様（逆に黒地に赤いスポット紋様の場合もある）であるので、毒蝶同士が紋様を似せあって鳥からの捕食圧を下げるようなミューラー型擬態をしているとも考えられる。

しかし、むしろテントウムシはベイツ型の擬態モデルとして重要である。テントウムシが、他

169

の昆虫が真似したくなるような存在であるとは意外である。それほど捕食者からは嫌がられているということだ。テントウムシに擬態する昆虫の種類の多さは驚きである。同じ甲虫類のゴミムシダマシやハムシはともかく、普通は似ても似つかないと思われるウンカやゴキブリ、クモにもテントウムシにそっくりの形、紋様をしたものがいる（口絵14）。

基礎生物学研究所の新美輝幸博士は、ナミテントウに見られる黒と赤の独特な紋様がどのような遺伝子によって制御されているかを調べている。

じつは、ナミテントウの斑紋は古くから遺伝学の対象として研究されてきた。環境の変化などによって斑紋は200種類以上のタイプが生じるが、基本的には4種類のパターンに分けられる。黒地に赤い点が2個（二紋型）、4個（四紋型）、12個（斑型）と、赤地に黒い点が19個（紅型）のタイプである。

面白いことにこれらは単純に形質に優劣があるわけではない（例えば二紋型が優性で、紅型が劣性というように）。二紋型と紅型を掛け合わせると、2つのタイプをちょうど重ね合わせたように遺伝するという（図25）。どうやら、多様な斑紋はすべて1つの遺伝子座（染色体上の原因となる領域）によって生み出されているらしい。

新美博士はまず、これらの色がどのような色素によって作られているのかを解析し、赤色はカロテノイド、黒色はメラニンで作られていることを発見した。さらにテントウムシでの研究を進

170

第六章　日本で進む昆虫の擬態研究

(A) 主な4つの斑紋型

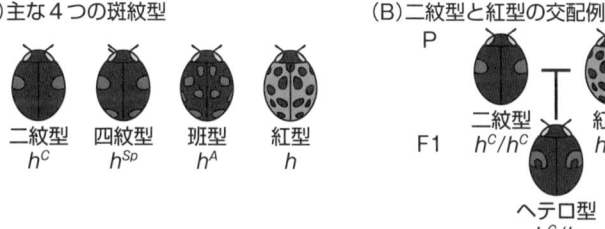

二紋型　四紋型　斑型　紅型
h^C　h^{Sp}　h^A　h

(B) 二紋型と紅型の交配例

P　二紋型 × 紅型

F1　ヘテロ型　h^C/h

F2　二紋型　ヘテロ型　紅型
　　h^C/h^C　h^C/h　h/h
　　1　：　2　：　1

(A)ナミテントウの主な4つの斑紋型。(B)二紋型と紅型の交配例。F1の斑紋はPの二紋型と紅型両方を重ね合わせたパターンになる。F1では、二紋型に由来する赤の斑紋の中に、紅型に由来する黒の斑紋が見える。F2では、二紋型、ヘテロ型、紅型が1：2：1に分離する。

(新美輝幸,『虫たちが語る生物学の未来』, 公益財団法人 衣笠繊維研究所, 2009, P28 図3を改変)

図25　ナミテントウの斑紋の遺伝様式

めるために、遺伝子を導入して自由に発現させたり、逆に遺伝子の働きを抑制する（RNA干渉法）手法を利用して、テントウシの紋様を作り出す遺伝子を見つけようとしている。

テントウムシは、アブラムシなどの害虫を食べる益虫として知られている。テントウムシは、化学物質を使わない安全な生物農薬として期待されているが、新美博士はこのような遺伝子抑制の技術を用いて、飛べないテントウムシを作り出すことに成功した。翅を作る遺伝子Vg（*Vestigial*）の働きを抑制させたところ、翅のないテントウムシが誕生したという。

翅がなければテントウムシはその場にとどまり、植物で増え続けるアブラムシを捕食するので、効率のよい農薬として期待できる。

171

■オスに擬態するメスのトンボ

トンボは、太古から生存してきた、馴染み深い昆虫である。古事記などに見られる日本の古名「秋津島」の秋津とはトンボのことで、昔の人は、日本をトンボの国と称していた。また、雄略天皇（5世紀後半の天皇）の腕を刺したアブをトンボが咥えて飛び去ったという故事から、「勝虫」として前田利家などの戦国武将にも好まれたという話もある。さらに、童謡「赤とんぼ」で描かれた日本の原風景ともいうべき情景に、大部分の日本人は憧憬に近い気持ちを抱いているに違いない。

トンボというと、赤いアカトンボ、青っぽいシオカラトンボ、黒地に黄色いストライプのオニヤンマなどを思い浮かべるが、どのパーツ（目玉、翅、体）にどのような色がついていたかは写真を見ないとよく思い出せない。

ただ、トンボは蝶と同じように非常にカラフルな昆虫であることは間違いない。しかし、他の昆虫と違って、鳥などの捕食から逃れるために多様な色をその体に使っているようには見えない。その理由として、トンボは肉食の勇猛な昆虫で、飛翔能力も優れていることがあげられる。警告色である可能性はなくはないが、この点はよくわからない。

トンボの専門家である産業技術総合研究所の二橋 亮博士によると、トンボには、オスとメスで色や紋様が異なる、成虫になっても成熟度によって色が変わる、といった特徴をもつ種が多い

第六章　日本で進む昆虫の擬態研究

そうである。例えば、シオカラトンボはオスが成熟すると麦わら色から水色に、アカトンボのオスは黄色っぽい色から鮮やかな赤色に変わる。アカトンボのオスは、なぜ黄色っぽい色から鮮やかな赤色に変わるのか？　二橋博士は、色素を調べることによってこの謎を解明した。色の変化の原因となっていたのは、キサントマチンという色素で、酸化型と還元型の2種類がある。還元型になると赤くなるのだが、成熟したオスでは90％以上が還元型になっていた。これに対し、メスはそれほどの割合ではないことがわかったのである。色素の酸化還元反応で色が変わる例が示されたのは、動物では初めてだという。

また二橋博士は、メスがオスに「擬態」するようなトンボについての研究も行っている。チョウトンボは文字通り蝶のように見えるトンボだが、オスは鮮やかな青紫色、メスは緑色に輝く。オス型のメスが現れるのは、産卵している時に他のオスからの干渉を避けるためだというが、詳しい理由はまだよくわからないようだ。

このようなオス型のメスは他のいくつかのトンボでも見られ、たった1遺伝子によって制御されている例も多いという。

二橋博士は、トンボでも遺伝子の機能解析ができるように研究を進めており、オスに擬態するメスのメカニズムも近い将来には解明されるだろう。

173

■コノハチョウは突然枯葉模様になったのか？

コノハチョウの擬態の緻密さには多くの人が驚く。ウォレスがマレー諸島でコノハチョウの隠蔽型擬態に驚き、ダーウィンも自著『人間の進化と性淘汰』（長谷川真理子訳、文一総合出版）の中で、コノハチョウの擬態の見事さに感嘆している。

コノハチョウは、日本では沖縄などに生息し、沖縄県の天然記念物にも指定されている。タテハチョウ科の一種であるコノハチョウの面白いところは、翅の表と裏で全く紋様が異なる点だ。翅の裏面は枯葉のようだが、翅の表面には鮮やかな紋様が見られる。翅を閉じて止まっていると枯葉のように見えるが、捕食者が現れると翅を広げて表面の紋様で相手を威嚇するのだろう（口絵2）。

また、この蝶は古くから論議を呼んでいる。ウォレスは、鳥の捕食圧から逃れるために徐々にこのような形質が選択されたと考えた。一方、1940年代にアメリカのリチャード・ゴールドシュミットという学者が、そのような中間的な変化なしに突如現れたという説を唱えた。

農業生物資源研究所の鈴木誉保博士は、蝶で古くから提唱されているタテハチョウ科の「グラウンドプラン」をコノハチョウに適用して、その紋様の謎に迫ろうとしている。グラウンドプランというのは翅のパターンに共通する枠組みで、翅の紋様は11個のパターン要素（紋様のパーツのようなもの）で構成され、これらの要素が変化することによってさまざまな翅のパターンがで

174

きるというものだ。どのような蝶（基本的にはタテハチョウ科）の紋様も、大枠はこのルールに従うといわれている。

鈴木博士はコノハチョウの翅の紋様もこの要素によって成り立っていることをまず証明した。次に、近縁な47種の蝶でこのような要素がどのようになっているのかを数値化し、ベイズ統計という数理統計の方法を用いて、祖先の蝶がどのような翅の紋様だったかを推定した。こういった数学的な方法によって、コノハチョウの枯葉の紋様は、祖先種から徐々に変化して形成されたことが示された。

今後、この紋様の形成にどのような遺伝子が関与しているかがわかれば、「枯葉」がどのように進化してきたのかさらに明瞭になるだろう。

■イモムシの姿勢が擬態に関与している？

筆者らは、主に分子生物学的手法を用いて、アゲハ幼虫の鳥の糞の紋様に関与する遺伝子を探索している。しかし、それとは全く違った視点からイモムシの鳥の糞型擬態を調べている研究者がいる。

総合研究大学院大学の鈴木俊貴博士は、シャクガやカギバガといった蛾の幼虫の鳥の糞型の紋様と幼虫の姿勢に着目した。興味深いのは、その調べ方である。これらの幼虫はかなり大きく、真っ

直ぐに伸びた状態だとあまり糞のようには見えないが、体を丸めると糞のように見えるということから、鈴木博士は共同研究者とともに、イモムシに似せた人工の物体を作成し、それを野外に置いて鳥に襲われる頻度を測定した。

ちょうどカギバガの幼虫ほどの大きさで全身が緑色の物体を準備して、まっすぐな状態で枝に置いた場合と、丸めて置いた場合で比較した。すると、緑色の物体では、まっすぐでも、曲げていても、鳥に襲われる頻度は20％ほどでそれほど変わらなかった。ところが、白黒の鳥の糞に似せた物体では、まっすぐのものは緑色の物体よりも襲われる確率が高く（30％弱）、また、曲げたものに比べると3倍ほど襲われる頻度が高くなった。鳥の目からすると、まっすぐで白黒の紋様は鳥の糞に見えず、むしろ緑色よりも目立つと考えられる。

糞などに擬態するのは「偽装」とも呼ばれるそうだ。背景の色に紛れるとある程度動いても目立たないが、動いてはならないものが動くと余計に目立つことになる。

また、葉に似せたコノハムシや、枝に似せたナナフシはゆらゆらと動いたりすることから、神経系を動員した方が擬態をより効果的に見せられる場合もある。すなわち擬態には、色や形を制御する遺伝子だけでなく、行動や姿勢を制御する遺伝子も関与していると考えられる。

第六章　日本で進む昆虫の擬態研究

■ホルモンがバッタの色を変える

イナゴやバッタは、個体の密度などが高くなると、それまでおとなしかった挙動や形態（孤独相）が一変して、活動的で集団的な群生相に切り替わる。これは第五章【2】でも紹介したが、「相変異」と呼ばれ、古くから多くの研究者の興味を引いてきた。中でも古くから研究されてきたのは、サバクトビバッタとトノサマバッタである。

トノサマバッタは我々の身近にいて馴染み深いが、相変異をしているのかどうかはあまりわからない。大規模な相変異は、大きな草原でしか起こらないので、そのような場面に遭遇することがないからだろう。孤独相のトノサマバッタには、そもそも茶色のものと緑色のものがあり、周りの植物に隠蔽して見つけにくい。しかし、相変異を起こすと、黒っぽい暗色になって、翅も長くなる。

ただし、孤独相か群生相かという二者択一的に決まっているのではなく、中間的な相（転移相）が現れる。

野外で孤独相のトノサマバッタを捕らえて、研究室内で飼育すると、群生相に似た色や行動を示すバッタになることはあるが、1世代だけでこのような群生相を作り出すことは難しく、何世代も継代飼育(けいだいしいく)する必要があるようだ。

この相変異を調べてきたバッタ研究の第一人者が、農業生物資源研究所の田中誠二博士である。

177

田中博士の研究の中でも特筆すべき成果は、ホルモン処理によって群生相に近いバッタを作り出したことである。どのようなホルモンがバッタの体色を変えるのかについては、それまで全くわかっていなかった。

約15年前に、田中博士はトノサマバッタの白いアルビノ系統を用いて、体を黒くする物質を探した。その結果、脳（もしくはその近くの組織）から黒色誘導物質が出ていることを発見し、さらにその物質の化学構造を突き止めることに成功した。

この物質は、コラゾニンと呼ばれるアミノ酸が11個つながったペプチドで、それまではゴキブリなどの心拍数を高める効果があることが知られていただけだった。バッタ以外の昆虫や甲殻類にもこのホルモンは広く分布していて、アミノ酸の配列もほとんど同じであるが、バッタだけはアミノ酸が1個所だけ違っている。そのことが何を意味するかはわからないが、コラゾニンはそれまで知られていた機能とは全く異なる「相変異の制御」という働きをもっていたわけである。

面白いのは、アルビノ系統にコラゾニンを与える条件を変えると、さまざまな体色が形成されることだ。幼若ホルモンとコラゾニンを同時に入れると緑色の個体が生じ、コラゾニンを与える濃度やタイミングを変えると、オレンジ色、黒色などさまざまな体色を誘導することができるという。コラゾニンの発見は、相変異だけでなく、体色の多型性もうまく説明できる点で素晴らしい成果である。

第六章　日本で進む昆虫の擬態研究

ただ、相変異がどのように起こるのか、行動などの変化はどのように引き起こされるのか、コラゾニンがどのように体色を変えるのか、などの疑問はまだこれから解決すべき課題である。近い将来、これらの疑問が解かれれば、古くから注目されてきた蝗害(こうがい)という現象の全体像がようやくはっきり見えるようになる。

■ハナカマキリは花に似せて隠れているのか？　おびき寄せているのか？

ハナカマキリは、見た目はランの花のように可憐だが、迂闊に近寄った獲物を狩るハンターである（口絵8）。その姿形は何かの花には似ているけれど、モデルの花が何なのかはっきりとはわからない。しかし、いずれにしろ花に似せることによって獲物をおびき寄せる、攻撃型擬態（ペッカム型擬態）の一種と考えられる。

ただ、ハナカマキリは花に隠蔽して自らの存在がわからないようにしているのか、それとも「花である」というシグナルを積極的に発散して自らの存在をアピールしているのか、以前から不思議に思っていた。最近、このことに関してヒントになるような興味深い研究がなされた。京都工芸繊維大学の水野尊文氏と秋野順治博士のグループの研究である。ハナカマキリは、その色や形以外にも、昆虫を惑わせるシグナルを出していることを突き止めたのだ。

水野氏らは獲物となるミツバチがハナカマキリの幼虫の前面から近づくことに注目し、何らか

179

の化学物質に引き寄せられているのではないかと仮説を立てた。その結果、ハナカマキリはミツバチを見つけると、ランの花の香りに似た揮発性の物質を出しておびき寄せていることがわかった。この物質は、もともとは個体間のコミュニケーションに使われており、それが転用されたものと思われる。このような結果は、知らず知らずに近づいた獲物をしとめているように思われる。

一方、基礎生物学研究所の真野弘明博士は、ハナカマキリが獲物を積極的に「花」におびき寄せておらず、こういった日本独自の研究から、海外ではハナカマキリを使った研究はほとんど行われておらず、ハナカマキリにはあまり見られないピンク色がどのような物質でできているのかを突き止めた。色、形、行動に加えて、匂いという複雑なシステムが一体化して、初めてハナカマキリの擬態が成立していることが明らかになりつつある。ハナカマキリの擬態に関しては、まだ多くの謎が残されており、これらの研究グループがさらなる不思議を解き明かしてくれるだろう。

■ アブラムシの体色は菌がコントロールしている?

アブラムシは世界で4000種以上が知られ、農業害虫として最も深刻な影響を与える昆虫である。アブラムシは通常「メス」だけがいる。単為発生（メスが単独で子を作ること）によってメスからメスが生まれ、短期間に大量に増えるのが厄介だ。

第六章 日本で進む昆虫の擬態研究

アブラムシの体内にはブフネラという共生細菌が住んでいる。この細菌を抗生物質で取り除くと、アブラムシの発育や生殖能力に大きな影響を与えることから、この細菌の力によってアブラムシは強力な増殖力を保っているらしい。

また、アブラムシには通常、翅が生えていない。同じ植物に群がる一家のうち、混み合ってくると翅が生えた個体が現れ、他の植物へと移動してまた増えるという不思議なライフサイクルをもっている。

そして、アブラムシは害虫としてだけでなく、基礎生物学の対象としても古くから興味をもたれてきた。

我々が庭先で見るアブラムシの多くは緑色をしている。例えば、研究に使われるエンドウヒゲナガアブラムシは日本では緑色のものしか見かけない。ところが、ヨーロッパには緑色と赤色の2種類のエンドウヒゲナガアブラムシがいる（口絵29）。アブラムシの天敵はテントウムシや、卵を産み付ける寄生蜂だが、昆虫ごとに色の好みが違うという。テントウムシは植物の上で目立つ赤色のアブラムシを好んで食べる一方、寄生蜂は緑色のアブラムシに、より多くの卵を産み付ける。つまり、アブラムシの体色も、隠蔽や警告といった意味合いをもっていると思われる。

では、このような体色の2型はどのように生じるのか？

この問いに対する答えを、富山大学の土田　努博士と産業技術総合研究所の深津武馬博士らのグループが発見した。

博士らはフランスでアブラムシの野外集団を調べたところ、幼虫の時期には赤色だった系統もやがて緑色に変化していくことに気がついた。そこで、この系統の共生細菌を調べたところ、ブフネラとは別にリケッチエラという細菌の仲間が住み着いていたのである。この細菌を赤色系統のアブラムシに感染させると、全部緑色になったことから、この細菌が体色形成に関与していることが明らかになった。

すなわち、細菌によってアブラムシの色が変化していることが示されたのである。

■ハチに擬態する蛾∷カノコガ

都心の公園などを散策していると、全体に黒っぽい体色で、翅の一部が透き通っていて、体には黄色いストライプ模様のある見慣れない昆虫が飛んでいることがある。一瞬、ハチに見間違えるかもしれないが、蛾の一種のカノコガである。

ただ、これが本当にハチに似せたベイツ型擬態なのかどうかはよくわからない。なぜなら一説には、この蛾も嫌な臭いがするといわれており、そうすると、ベイツ型擬態の定義から、モデルのハチに似せた無害な蛾ともいえないからだ。カノコガにはいくつかの種があるが、いずれも翅

第六章 日本で進む昆虫の擬態研究

の一部が透き通っており、黒と黄色のストライプ模様という特徴をもっている。毒蝶同志が似せるミューラー型擬態とも考えられなくもない。

翅が透き通る蛾はかなりたくさんいる。スカシバ、ホウジャクなどと呼ばれる蛾である。ただし、翅全体が透明になっているのがカノコガと異なる点である。これらの蛾でも黒い体色に黄色や赤色のストライプ紋様が目立つのは共通していることから、やはりハチにベイツ型擬態をしていると考えるのが妥当だろう。

私たちも、このような蛾がブンブンと音を立てて飛んでくると思わず避けようとする。色のせいもあるが、翅が透明になっているのがいかにもハチっぽいからだ。ハチやアリは膜翅目といい、多くの種は透明な膜のような翅をもっている。

東京大学の近藤勇介博士は、カノコガの翅の一部だけがなぜ透明になっているかを調べている。単純に考えると、その領域だけ鱗粉が抜け落ちているからだとも思える。実際、この蛾の鱗粉は抜け落ちやすく、翅に指を押し当てるとそのまま紋様が指につくことからハンコチョウとも呼ばれているそうである。

しかし、透明になっている理由は別にあった。近藤博士は、カノコガの翅を電子顕微鏡などで調べると、色のついた領域の鱗粉の形と「透明な」領域の鱗粉の形が異なっていることを見つけた。つまり、透明に見える領域にも鱗粉はちゃんと形成されているわけである。近藤博士は、さ

183

らに発生過程を詳細に調べて、どの遺伝子が鱗粉の形状の違いを生み出しているかを現在調べている。
 カノコガ、スカシバ、ホウジャクは系統的に離れていて、それぞれ独自にハチに似せようと進化したと思われる。スカシバやホウジャクの翅からなぜ鱗粉が抜け落ちてしまうかはまだよくわかっていないが、翅を透明にするにしてもいろいろな方法があるのかもしれない。

第七章

新たな擬態の世界

擬態する生物を見ていると、誕生した当初からそのような姿形をしていたのではないかと思ってしまう。また、花に擬態するカマキリを見ると、花の遺伝子が丸ごとカマキリに移ったのではないかと錯覚してしまう。

しかし、大部分の進化遺伝学者は、「これらの現象はいきなり起こったことではなく、何万年、何十万年という時を経て、その生物に特有な遺伝子が徐々に変化していった結果である」と考えている。

■不完全な擬態昆虫は生き残れるのか？

私たちは学校で、遺伝情報は親から子に「正確に」伝わると教わってきた。しかし、本当は「ほぼ正確に」といった方がよい。DNAが複製される際に起こるミス、紫外線や化学物質などによる突然変異、私たちのゲノムに潜む「動く遺伝子」（転移因子）などが遺伝情報の一部を変化させてしまうからだ。

伝わる正確さが仮に99.9999％であったとしても（つまり間違える確率が0.001％だとしても）、何千世代という親から子への伝言ゲームの間に、元の情報とは完全に異なったものへと変化しうる。つまり、果てしない年月の間に、普通のカマキリはハナカマキリに変わりうるのである。

第七章　新たな擬態の世界

しかし、形質が徐々に変化する場合、「進化の途上で出現する不完全な擬態昆虫は、生き延びることができるのか?」という疑問が生じる。これは難問である。ただ、いくつかの擬態については説明できる。例えば、緑色の葉に擬態するコノハムシでは、進化の途上で葉とは似ても似つかないものも登場しただろう。しかし、少々その格好が似ていなくても、体色が背景の緑色にマッチしたものであれば、緑色でないものよりも捕食者から見逃される確率は高かったに違いない。また、コノハムシの姿形が徐々に変化していくといっても、集団内の個体が一斉に変わるわけではない。葉によく似た個体もいれば、あまり似ていない個体もいる。その中で捕食者に見つかりにくいものがいれば、その子孫は徐々に増えていくことになるが、見つかりやすいものは途絶えてしまう。ダーウィンがいったように、生物には常に選択される圧力がかかっており、環境に適応したものだけが生き延びていくことになる。コノハムシでは、捕食されること（捕食圧）が大きな環境要因となり、それに適応したものが生き延びてきた。

ある程度の大きさの集団であれば、そこに遺伝情報（ゲノム情報といってもよい）が少しずつ異なる個体が存在することが許され、不完全な擬態の試行錯誤も可能となるのだろう。実際にコノハムシを観察すると、緑色の葉に近い個体もいれば、枯れた個所が点在する個体もいたりとさまざまだ。ただし、これらがゲノム情報の微細な違いを反映しているのかどうかはまだわからない。

これは、人の集団でも同じだ。例えば、ほとんどの人はエイズに感染すると発症し、重篤化すれば死に至る。しかし、遺伝情報のごく一部（1塩基）が変わっただけで、エイズに感染しても発症しない人たちもいる。おそらく他の感染症でも同じだろう。

人の集団内には、ある種の感染症に対して抵抗性のある遺伝子をもつ人たちがいる。その病気が蔓延するという事態になると、この環境の変化に有利な彼らの遺伝子は集団内で広がっていくようになるだろう。環境への適応は個々の努力で克服されるのではなく、集団を介して起こるという点が重要だ。

私たちが環境と聞いてイメージするのは、地球温暖化、放射能汚染、大気汚染など、巨視的な視野に立ったものが多い。しかし、生物にとっては、生物と生物の相互作用がじつは重要だ。生物間の相互作用こそが、私たちの進化にとって最も重要な「環境」だったと思われる。

人類は数百万年の間、食糧（つまり餌となる生物）を確保し、感染症（微生物が私たちを捕食すると考えてもよい）に苦しみ、昆虫や猛獣から身を守ることにほとんどの時間を費やしてきたが、今では科学によってこのような問題を短期間で解決している。スーパーに行けば食糧を確保でき、薬局で処方される抗生物質を飲めば感染症の心配は少ない。

しかし、環境の変化は予想不能だ。MERS（中東呼吸器症候群）やエボラ出血熱の騒動を見ると、新たな新興感染症の世界的な大流行（パンデミック）により、人類が再び適者生存という

第七章　新たな擬態の世界

形で選択される可能性も考えられる。その時、誰が生き残るかは予測できない。病気が生物の進化の原動力になってきたことは、否めない事実である。

アフリカには、ヘモグロビン遺伝子に突然変異が生じた鎌状赤血球をもつ人がいる。この異常な遺伝子をもつ患者は貧血症となる可能性があるので、健康な人よりもある意味で不利である。

しかし、この遺伝子を保有する人はマラリアに対しては抵抗性があり、マラリアが蔓延する地域では生存に有利である。環境の変化の仕方によっては、通常は不利と思える形質が有利になることも、逆に有利と思える形質が不利になることもあるのだ。

不完全な擬態昆虫も通常は不利であるが、環境の変化によって有利になるような局面が生じ、生き残ることができたのかもしれない。

■蝶が蝶を真似るのは擬態なのか?

擬態を論じる時にいつも気になっていることがある。それは、似ていても不思議ではないと思える現象を、擬態と呼んでいいのかという疑問である。

例えば、昆虫が鳥の糞に似せる場合にはこういった疑問は生じない。鳥の糞は生物ではないので、この擬態は昆虫の遺伝子が変化して「鳥の糞」のような姿・形を作り出した不思議な現象だからだ。また、昆虫が植物に似るのも、昆虫と植物が遠くかけ離れた生物であることを考えると

189

不思議である。

しかし、昆虫が昆虫に似るのはそんなに不思議なことだろうか？例えば、有毒な蝶が互いに紋様を似せるミューラー型擬態や、無毒な蝶が有毒な蝶に似せるベイツ型擬態では蝶同士が似ているわけだが、それほど不思議な現象として捉えるべきか どうかが気になるのである。非常に近縁な種ならば姿形が似ていても不思議ではない。

私たちは、子供の頃からそれぞれの生物の特徴をある程度理解していて、未知の生物を見た時にも、それを猿の仲間、貝の仲間、トンボの仲間と瞬時に判断できることが多い。蝶を見た時も、鱗粉がある、長い触角がある、大きな翅をもつなどの全体の特徴から、図鑑を見るまでもなく、蝶であることは大体判断できる。

ある蝶が別の蝶に擬態していると判断するとしたら、それ以上に細かな特徴がそれぞれの蝶にあることを知っていなければならない。さらに、擬態の定義を「本来似るべきではないものが似るという現象」であるとするならば、近縁種だから似ているという可能性は排除されなければならない。

つまり、ある現象を擬態と判断するには、モデルと擬態種が「系統的に離れた種である」という前提が必要と思われる。

無毒なシロオビアゲハが毒蝶のベニモンアゲハに似せる現象について考えてみると、両者が種

第七章　新たな擬態の世界

として分岐したのが約9000万年前で、系統的にかなり離れていることは確かである。また、さまざまな哺乳類が分岐したのが約1億年前である。したがって、シロオビアゲハとベニモンアゲハは、名前こそ似ているが、系統的にはネズミとゾウほどに離れている。その意味では、擬態と呼ぶのにふさわしいかもしれない。

では、蝶の固有な特徴に関してはどうだろう？

毒蝶のベニモンアゲハは、全身が毒々しいピンク色をしており、真っ黒な後翅の周りに赤いスポットが点在している。また、赤い紋様を見せびらかすようにゆっくりと飛ぶ。このような特徴は毒のある生物が危険であることを示すためのもので、無毒な蝶には見られない固有の性質と考えられる。

一方、シロオビアゲハは通常は後翅に白い帯状の紋様をもつが、この紋様はあまり他の蝶には見られないものである。そもそも、ベニモンアゲハの擬態型とシロオビアゲハは似ていないのだ。筆者らの研究により、シロオビアゲハの擬態型のメスは後翅の赤色を調達するためにベニモンアゲハとは異なる色素を合成し、利用していることがわかっている。つまり、ベニモンアゲハとは別のシステムを利用して、真似をしようとしていることに他ならない。

これらの事実から、蝶が蝶に似せる現象は、擬態と呼ぶにふさわしいと考えられる。

■なぜ分子生物学で擬態を研究するのか？

これまで擬態は、生態学や行動学の分野で主に研究されてきた。このような研究は今後も続き、さらに新たな発見もあるだろう。

一方で、筆者が専門とする分子生物学の分野では、擬態を正面から取り上げる研究はほとんどなかった。分子生物学が得意とするのは、ある現象の原因となる遺伝子を見つけることと、その遺伝子が本当にその現象に関わっているのかを検証することである。

このような研究には、調べようとしている生物が、

・飼育しやすい（子供も生ませやすい）
・ゲノムなどの遺伝情報がよくわかっている
・遺伝子の機能を解析する手法が揃っている

などの条件が必要となる。

そこで、このような条件を満たす「モデル生物」として、大腸菌、酵母、ショウジョウバエ、マウス、さらには一般の人には馴染みの薄い、シロイヌナズナ、ゼブラフィッシュ、C. elegans（線虫の一種）といった生物が、分子生物学では重宝されてきた。しかし、擬態する昆虫でこのような条件を満たす例はこれまでほとんどなかった。筆者らが扱っているアゲハチョウは、小学生でも飼育できる昆虫である。しかし、ゲノムや遺伝子の情報がわかったのはつい最近のことである。

192

第七章　新たな擬態の世界

ちなみに、筆者らがナミアゲハとシロオビアゲハのゲノム情報を公開したのは、二〇一五年に入ってからのことである。つまり、分子生物学者が擬態を研究しようにも、これまでは研究する環境になかったのである。

では、なぜ分子生物学で擬態を研究する必要があるのだろうか？　擬態を指令しているすべてのプログラムは、ゲノムDNA上に書かれていると考えられる。そのような指令の実体を、従来の生態学や行動学では明らかにすることができなかった。

カマキリとハナカマキリを比較すると、「カマキリ」になるプログラムに大きな違いはないだろう。ハナカマキリが花に擬態しているといっても、よく見ればカマキリの形はしているし、獲物をとるための鎌はちゃんと備わっているからだ。ハナカマキリは、脚の先端部が花びらのように広がり、ピンクと緑の着色が見られ、さらに花に似せるために腹部を持ち上げる。人間の子供ならば親が教えることによって初めて習得するような学習行動も、昆虫では親が教えることがほとんどないため、ハナカマキリは本能によって腹部を持ち上げて、獲物を待ち構えているのだ。

このような行動は脳や神経によって制御されているが、その神経を作り出す大本の情報はゲノムに書き込まれている。

193

ハナカマキリにはカマキリには見られない、いくつかの特徴があることから、進化の過程で1つの遺伝子だけが変化したのではないと思われる。脚の先端を広げる遺伝子、ピンク色や緑色を適切な位置に着色させる遺伝子、獲物を察知したら腹部を持ち上げて静止するように神経系を作り上げる遺伝子など、極めて多数の遺伝子や遺伝子の働きを調節する場所が変化したと予測される。

そのような変化が読み取れて、初めて擬態が進化の過程でどうやって成立したのかを知ることができる。筆者は擬態そのものを制御する遺伝子もさることながら、進化の過程でどのように擬態プログラムが誕生したかを知りたいと思っている。それには分子生物学の知識や技術が必要なのである。

■カマキリをハナカマキリに！ 遺伝子操作により擬態は再現できるか

ゲノムには、「A」「G」「T」「C」の4種類の記号が列記されているだけである。コンピュータが「0」と「1」のデジタル信号で情報を処理するのに対し、ゲノムは4種類のデジタル信号であらわされた記憶媒体である。

ゲノム上に起こる突然変異は、コンピュータでいえば「バグ」（不具合、誤りの意）のようなものだ。コンピュータでは、ほんのわずかなバグによって大概のプログラムは動かなくなるか、

194

第七章　新たな擬態の世界

異常が生じる。

しかし、ゲノムでは大量のバグが蓄積しても影響があることは少ない。例えば、ヒトのゲノムではタンパク質をコードする遺伝子は2％ほどしかない。それ以外の制御領域などを含めても、変異が入ると動かなくなる(個体が死ぬか、異常になる)領域は10％にも満たないのではないかと筆者は推測する。ゲノムは類稀なフレキシブルな記憶媒体なのである。ただ、残りの90％の意味のなさそうな所に突然変異が入っても、全く影響がないかどうかはわからない。変異が入る場所によっては、遺伝子の働く場所が変わったり、働く時間が変更されるようなことが起こる。おそらく、ほとんどの擬態では、個体の生死に関わるような主要な遺伝子プログラムではなく、周辺プログラムの遺伝子の構造や調節領域が、長い年月の間に少しずつ変わったと考えられる。つまり、ゲノム上のいたる所に変異が入り、環境に対して最適な擬態形質がアウトプットされるようなゲノムが選択されてきたのだろう。

別の言い方をすれば、ゲノムは4種類のアルファベットで長々と綴られた長大な巻物のようなものである。擬態をする昆虫では、巻物のいろいろな個所に筆が入り、擬態するように文脈の一部が変更されたのである。

ここまで、分子生物学者が擬態を研究する環境になかったと述べてきた。しかし、この状況はこの5、6年で大きく変わった。

1つは、次世代シーケンサーの登場があげられる。従来のシーケンサーと比較すると、解析スピードと値段が比較にならないほど向上したのである。

例えば、2000年に発表されたヒトゲノムには10年以上の歳月と2700億円の巨費が投ぜられたが、今では個人のゲノム情報を十数万円の費用で、たった1週間ほどで知ることができる。昆虫のゲノムはヒトの10分の1程度の長さのものが多いので、単純計算だと1～2万円で1日あれば情報を得ることができてしまう。

実際には技術的な問題などもあって、それほど短時間、低価格では行えないが、10年以内には実現可能と考えられる。10年ほど前には想像もつかなかったことであるが、少なくとも100万種はいる昆虫すべてのゲノム情報を入手することも夢ではなくなった。

もう1つは、遺伝子機能解析技術の発達である。かつては、個体の中の遺伝子を操作して遺伝子組換え個体（トランスジェニック生物とも呼ぶ）を得ることは、マウスやショウジョウバエなどごく一部のモデル生物でしかできなかった。

しかし今では、RNA干渉法やゲノム編集といった技術により、個体の中の特定の遺伝子の働きを阻害したり、外から導入した遺伝子を働かせることが容易になった。筆者らも、シロオビアゲハの擬態型メスの翅で、擬態の原因遺伝子の働きを抑制して、非擬態型メスの翅に変えることに成功した。このような技術により、モデル生物でなくても遺伝子操作が実施できる可能性が広

196

第七章　新たな擬態の世界

がったのである。いまや、分子生物学者も擬態の研究ができる時代になったといえる。では、どのようにすればゲノムという長大な巻物の中で、多数の変更個所（擬態の原因遺伝子や原因領域）を見つけることができるのだろう？

1つには、連鎖解析という手法が考えられる。例えば、ハナカマキリの中にピンク色でなくなった個体がいる場合や、ハナカマキリとは異なる姿形の交雑可能な近縁種がいる場合には、普通のハナカマキリと掛け合わせて、その子供や孫にどのような影響が出るかを調べることができる。もしピンク色でない子孫が現れたり、普通のハナカマキリと形状が違う個体が生じたら、親とその子孫でDNAにどのような違いがあるのかを調べていく。

今は、DNAの中にある配列の違い（1塩基多型：SNP）を利用することが多くなっている。どのような生物でも数千塩基に1個所程度はSNPが必ずあるので、ゲノム全体でSNPの候補をあげることは、ゲノム配列を入手できる生物ならば容易である。原因遺伝子領域に非常に近い場所のSNPは、上記のような形質と一致する（あるSNPの配列がAとGで、それぞれが必ずピンク色と白色に一致するというように）ので、そのようなSNPを探索することで原因領域を推測することができる。

この手法は特に人の病気で活用されており、肝炎を発症させやすい遺伝子、肺がんと関連している遺伝子、といった情報が毎週のように専門雑誌に発表されている。

197

ただ、この方法は、例えばハナカマキリの集団中に他と違ったもの（突然変異体）を見つけるか、交配できるような近縁種が存在している必要がある。そして、さらに交配をさせてたくさんの子孫を解析し、擬態に関わるさまざまな形質の原因を1つ1つ見つけていくのは難しいという問題もある。

連鎖解析以外にもいくつかの方法が考えられているが、究極の方法はゲノム配列を決定して、配列の差のある場所を見つけ出すことかもしれない。例えば、離れた4つの場所でハナカマキリを5匹ずつ採集し、その20匹のゲノム配列をすべて決定することは現在ではそれほど難しくない。それぞれの場所のハナカマキリの姿形が微妙に異なっているならば、その違いを生み出しているDNA配列が見つかるかもしれない。

また、ハナカマキリと近縁な4種類のカマキリを5匹ずつ採集し、20匹のゲノム配列を比較すると、ハナカマキリにだけ存在するDNA配列を抽出することができるかもしれない。そこで判明した遺伝子をハナカマキリにだけ存在するDNA配列を抽出することができるかもしれない。そこで判明した遺伝子を遺伝子機能解析法で抑制し、ハナカマキリの擬態の一部を消失させることができれば、擬態の原因の一部が解明できるだろう。

仮に、ハナカマキリの擬態の原因となる遺伝子や領域がわかれば、遺伝子操作によってカマキリをハナカマキリに変えることができるだろうか？　これはおそらく難しい。ハナカマキリの擬態を作り出す領域はおそらくゲノムの広範な領域に散らばっており、それがすべて判明したとしても、

198

第七章 新たな擬態の世界

そのDNA領域を全部導入することは難しい。何十万年、何百万年という進化の過程で徐々に作り上げられた擬態のプログラムを、一度に変えることはほとんど不可能とも思える。そもそも、このような試みにはあまり意味がないかもしれない。

そして、ここに書いたのはあくまでも仮定の話で、実際にこのような方法論はまだ確立されておらず、現段階では筆者の夢物語の1つである。

■擬態とスーパージーン仮説

さて、最後に擬態遺伝子に関する仮説を紹介したい。

ハナカマキリで紹介したように、擬態は単に色や形が変化するだけでなく、行動まで含めて非常に複雑な形質が組み合わさって成立している。例えば、シロオビアゲハの擬態型メスでは、後翅の紋様だけでなく、前翅の紋様も非擬態型メスと異なり、さらには飛翔行動も毒蝶のようにゆっくりと飛ぶようになる。もし、異なる擬態の形質を制御する遺伝子がゲノム上に散在しているとすると、翅の紋様は擬態型であるが、行動は非擬態型になるといった中途半端な子孫が生じる可能性がある。

しかし、シロオビアゲハでは決してそのような個体が観察されることはなく、メスには完全な擬態型と全く擬態をしない非擬態型しか生じないことがわかっている。

そこで、シロオビアゲハの擬態を制御する遺伝子は複数あるが、それは染色体上で隣り合った場所に存在するという仮説が、数十年も前に提唱された。このような遺伝子を「超遺伝子（スーパージーン）」と呼んでいる。

私たちの体の細胞では、父親と母親からきた同じような染色体（相同染色体）が対になっている。親から子に遺伝する時に、相同染色体間で一定の頻度で組換えが起こるが、隣接した遺伝子ではこのような組換えはほとんど起こらず、いくつかの擬態形質がバラバラになることが防がれていると予想される（図26A）。例えば、身長のような形質は、やはりさまざまな遺伝子が関与していると考えられる。それぞれの遺伝子はさまざまな染色体上に散らばっているので、両親の遺伝子の組み合わせで、最も背が高くなる場合から最も背が低くなる場合まで、いろいろなケースが想定される。

身長のような形質（量的形質と呼ばれる）と、超遺伝子で制御される形質は明らかに異なるのである。超遺伝子は遺伝学では重要な概念だが、その実体はこれまでほとんどわかっていなかった。

しかし、第五章で紹介したように筆者らは、シロオビアゲハの擬態の原因領域に3種類の遺伝子が含まれることを見つけた。この発見は、スーパージーン仮説（擬態に関与した遺伝子群が1個所に集まって擬態を制御しているという説）を支持する結果だった。

200

第七章　新たな擬態の世界

A．通常の相同染色体間での組換え

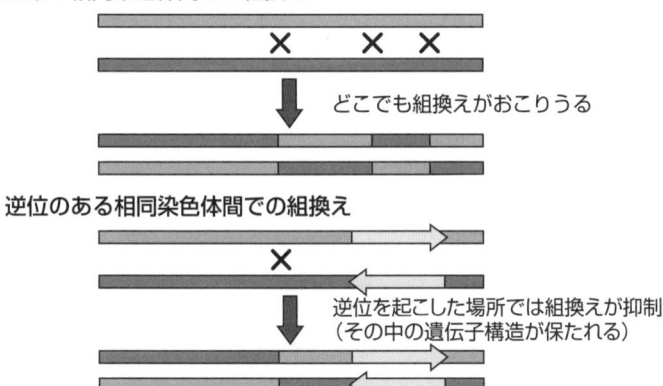

どこでも組換えがおこりうる

B．逆位のある相同染色体間での組換え

逆位を起こした場所では組換えが抑制
（その中の遺伝子構造が保たれる）

図 26　普通の相同染色体と向きが逆（逆位）になった染色体の組換え

さらに興味深いのは、擬態を制御する染色体上で、この領域が普通の染色体（もう一方の相同染色体）と向きが逆になっていたことである。相同染色体間で逆向き（逆位）になった場所は、組換えが抑制されることが知られている（図26B）。

つまり、遺伝子が隣接しているだけではなく、その領域全体の向きを逆向きにするという工夫で組み換えが抑制され、スーパージーン構造の一体化が永続的に図られたのである。この状態が何千万年も続いてきたとすれば驚きである。

考えてみれば、大腸菌などの微生物にもオペロン（原核細胞で複数の遺伝子がまとまって制御されている領域）というシステムがある。例えば、高校生物の教科書にも出てくる大腸菌のラクトースオペロンには、関連のある3つの遺伝子がコードされており、大腸菌がラクトース（乳糖）を利用する時に1つのメッセン

(A) ラクトース（糖）がないとき

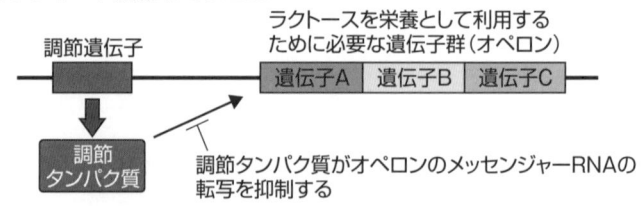

調節遺伝子 ／ ラクトースを栄養として利用するために必要な遺伝子群（オペロン）／ 遺伝子A｜遺伝子B｜遺伝子C

調節タンパク質／調節タンパク質がオペロンのメッセンジャーRNAの転写を抑制する

(B) ラクトースがあるとき

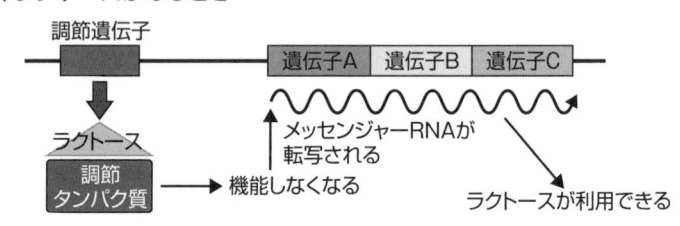

調節遺伝子／遺伝子A｜遺伝子B｜遺伝子C

ラクトース＋調節タンパク質→機能しなくなる／メッセンジャーRNAが転写される／ラクトースが利用できる

図27　大腸菌のラストークオペロンの仕組み

ジャーRNA（mRNA）として転写され、効率よくラクトースを分解できるようになっている（図27）。

関連のある遺伝子がまとまっているという意味ではスーパージーンとよく似ており、真核細胞でそのようなものがあっても（ただし、スーパージーンが1つのメッセンジャーRNAとして転写されることはないが）不思議ではないかもしれない。

「スーパージーンが原因なのではないか？」と目されている現象は、現在いくつか報告されている。アフリカにいるシクリッドという魚の隠蔽色、鳥の羽毛色の多型、植物のめしべの長さ、アリの社会性など動植物全般に及ぶ。いずれも複雑で適応的な現象で、これ以外にもまだ知られていないものがたくさんあるのではないかと言われている。擬態はまさしく複雑な適応形質である。

第七章　新たな擬態の世界

筆者は、シロオビアゲハ以外のさまざまな擬態にもスーパージーンが関わっているのではないか、いずれはそのような擬態も研究できるのではないかと、夢を膨らませている。

終わりに

　擬態の本や総説を書く際に、毎回頭を悩ませるのが「擬態の写真」をどう入手するのかということだ。本著では幸いに、神奈川県立生命の星・地球博物館の渡辺恭平氏と野村周平氏のご協力により、すばらしい擬態昆虫の写真を掲載することができた。口絵写真をご提供いただいた他の皆さんも合わせて、この場を借りて御礼申し上げたい。

　本著では著者の研究室（東京大学柏キャンパスの遺伝システム革新学分野）で得られた多くの実験データを紹介させてもらった。本文ではすべての人の名前を紹介することができなかったが、実験に直接携わった大学院生、研究員諸氏に深く感謝する。また、二橋亮、新美輝幸、土田努、近藤勇介博士には、ご自身の研究内容を直接紹介いただいた。

　擬態写真の入手や本著の編集などでオーム社の島岡舞衣さんに大変お世話になった。ご協力いただいた皆さんに深く感謝したい。

2015年10月

藤原晴彦

参考文献一覧

[1] 藤原晴彦,『似せてだます 擬態の不思議な世界』, 化学同人, 2007, [1章, 4章, 5章]

[2] 松香光夫ら,『昆虫の生物学 第二版』, 玉川大学出版部, 1992, [1章]

[3] フィリップ・ハウス (加藤義臣 監修, 相良義勝 翻訳),『なぜ蝶は美しいのか』, エクスナレッジ, 2015, [1章]

[4] 上田恵介 編著,『擬態 だましあいの進化論 (昆虫の擬態)』, 築地書房, 1999, [2章, 5章]

[5] H. Frederic Nijhout,『The Development and Evolution of Butterfly Wing Patterns (Smithsonian Series in Comparative Evolutionary Biology)』, Institution Press, 1991, [2章]

[6] 海野和男,『大昆虫記 熱帯雨林編』, データハウス, 1994年, [2章]

[7] 海野和男,『昆虫の擬態』, 平凡社, 1994, [2章]

[8] 海野和男,『蛾蝶記』, 福音館書店, 1999, [2章]

[9] W・ヴィックラー (羽田節子 翻訳),『擬態 自然も嘘をつく』, 平凡社, 1993, [2章]

[10] M. ケインら著 (石川統 監訳、塩川光一郎ら 翻訳),『ケイン生物学 (第2刷)』, 東京化学同人, 2005, [2章]

[11] ヘンリー・ウォルター・ベイツ (長澤純夫 翻訳),『アマゾン河の博物学者』, 新思索社, 1990, [3章, 5章]

[12] アルフレッド・ラッセル・ウォレス (谷田専治, 新妻昭夫 翻訳),『熱帯の自然』, 平河出版, 1987, [3章, 5章]

[13] アルフレッド・ラッセル・ウォレス (宮田彬 翻訳),『マレー諸島』, 新思索社, 1991, [3章]

[14] 大崎直太,『擬態の進化―ダーウィンも誤解した150年の謎を解く』, 海游舎, 2009, [3章]

[15] 新妻昭夫,『進化論の時代―ウォーレス=ダーウィン往復書簡』, みすず書房, 2010, [3章]

[16] ジョージ・ウッドコック (長澤純夫 翻訳),『ベイツ―アマゾン河の博物学者』, 新思索社 2011, [3章]

[17] コナン・ドイル (瀧口直太郎 翻訳),『失われた世界』, 東京創元社, 2009, [3章]

[18] Futahashi, R. and Fujiwara, H. Melanin-synthesis enzymes coregulate stage-specific larval cuticular markings in the swallowtail butterfly, Papilio xuthus. Development Genes and Evolution 215, 519-529. 2005. [4章]

[19] 藤原晴彦・山口淳一,「(生き物の不思議) 擬態の一面を探る―昆虫の体表紋様形成の分子機構」『生物の科学 遺伝』vol.64, No.4, 11-16, エヌ・ティー・エス, 2010, [5章]

[20] Shirataki, H., Futahashi, R. and Fujiwara, H. Species-specific coordinated gene expression and trans-regulation of larval color pattern in three swallowtail butterflies. Evolution and Development 12, 305-314. 2010. [5章]

[21] Futahashi, R. and Fujiwara, H. Juvenile hormone regulates butterfly larval pattern switches. Science 319, 1061. 2008. [5章]

[22] 平賀壮太,『蝶・サナギの謎』, トンボ出版, 2007年, [5章]

[23] Tanaka et al. The dark-color inducing neuropeptide, [His(7)]-corazonin, causes a shift in morphometic characteristics towards the gregarious phase in isolated-reared (solitarious) Locusta migratoria. Journal of Insect Physiology 48, 1065-1074. 2002. [5章]

[24] 小西正泰,『虫の博物誌』, 朝日新聞社, 1993, [5章]

[25] Nishikawa, H. et al. A genetic mechanism for female-limited Batesian mimicry in Papilio butterfly. Nature Genetics 47, 405-409. 2015. [5章]

[26] Nishikawa, H. et al. Molecular basis of wing coloration in a Batesian mimic butterfly, Papilio polytes. Scientific Reports 3, 3184. 2015. [5章]

[27] 藤原晴彦,「雌だけが擬態するアゲハチョウの謎を探る」『現代化学』533, 29-32, 東京化学同人, 2015, [5章]

[28] 日高敏隆・松本義明 監修,『環境昆虫学』, 東京大学出版会, 1999, [5章]

[29] 本田計一・加藤義臣 編,『チョウの生物学』, 東京大学出版会, 2005, [5章]

[30] 藤原晴彦,「アゲハチョウの擬態はどのように進化したのか？」『進化の謎をゲノムで解く(細胞工学別冊)』, 106-113, 学研メディカル秀潤社, 2015, [5章]

[31] Suzuki T. N. & Sakurai R. Bent posture improves the protective value of bird dropping masquerading by caterpillars. Animal Behaviour 105, 79-84. 2015. [6章]

[32] Suzuki T. K. et al. Gradual and contingent evolutionary emergence of leaf mimicry in butterfly wing patterns. BMC Evolutionary Biology 14, 229. 2014. [6章]

[33] Mizuno T. et al. "Double-trick" visual and chemical mimicry by the juvenile orchid mantis Hymenopus coronatus used in predation of the oriental honeybee Apis cerana. Zoological Science 31, 795-801. 2014. [6章]

[34] Tsuchida T. et al. Symbiotic bacterium modifies aphid body color, Science 330, 1102-1104. 2010. [6章]

[35] 二橋亮,「トンボにおける色と模様の進化」『生物科学』62, 9-18, 農山漁村文化協会, 2010, [6章]

[36] 新美輝幸,「昆虫の斑紋をつくる遺伝子を探る」『虫たちが語る生物学の未来』, 26-30, 公益財団法人 衣笠繊維研究所, 2009, [6章]

〈著者略歴〉

藤原晴彦 （ふじわら・はるひこ）

1957年兵庫県生まれ。1986年東京大学大学院理学系研究科修了（理学博士）後、国立予防衛生研究所（現感染症研究所）研究員、東京大学理学部生物学科動物学教室講師、ワシントン大学（シアトル）動物学部リサーチアソシエートなどを経て、1999年東京大学大学院新領域創成科学研究科先端生命科学専攻助教授、2004年同教授（現職）。擬態、変態、染色体をキャッチフレーズに、蝶や蛾の進化・発生遺伝学、標的特異的に転移するレトロトランスポゾンの分子機構を研究している。学生時代から温めてきた擬態に関する研究を徐々にではあるが実現しつつある。

主な著書・訳書 『似せてだます擬態の不思議な世界』（化学同人）、『新版よくわかる生化学（分子生物学的アプローチ）』（サイエンス社）、『せめぎ合う遺伝子（利己的な遺伝因子の生物学）』（共立出版、藤原晴彦監訳、遠藤圭子訳）他

- 本書の内容に関する質問は，オーム社雑誌部「（書名を明記）」係宛，書状またはFAX（03-3293-6889），E-mail（zasshi@ohmsha.co.jp）にてお願いします．お受けできる質問は本書で紹介した内容に限らせていただきます．なお，電話での質問にはお答えできませんので，あらかじめご了承ください．
- 万一，落丁・乱丁の場合は，送料当社負担でお取替えいたします．当社販売課宛お送りください．
- 本書の一部の複写複製を希望される場合は，本書扉裏を参照してください．
- JCOPY ＜（社）出版者著作権管理機構 委託出版物＞

だましのテクニックの進化 －昆虫の擬態の不思議－

平成27年10月23日　第1版第1刷発行

著　者　藤原晴彦
発行者　村上和夫
発行所　株式会社オーム社
　　　　郵便番号　101-8460
　　　　東京都千代田区神田錦町3-1
　　　　電話　03(3233)0641(代表)
　　　　URL　http://www.ohmsha.co.jp/

© 藤原晴彦 2015

印刷・製本　壮光舎印刷
ISBN 978-4-274-50582-9　Printed in Japan

好評発売中

ワークブックで学ぶ
生物学実験の基礎

Tracey Greenwood
Lissa Bainbridge-Smith
Kent Pryor
Richard Allan 共著
後藤太一郎 監訳
A4判・156頁
ISBN 978-4-274-50513-3

探究型学習に最適の1冊！

　ニュージーランドのBiozone社より出版されているワークブック形式の『Skills in Biology(Third Edition)』の翻訳書です。

　生物学実験を行うにあたって身に付けるべき基礎知識である実験計画、実験方法、調査方法、データ処理、レポートの書き方などが扱われています。

　各項目は解説と演習問題を含む1〜2ページの構成でまとめられており、テキストとして活用できるだけでなく、予習や復習によって学習内容を整理して確認することにも役立ちます。

主要目次	
	はじめに
	本書の構成
第1章	科学的な質問の立て方, 解答の見つけ方
第2章	分析とレポート
第3章	野外研究
第4章	生物の分類
第5章	実験のテクニック
	索引